有聊

陈铭 著

湖南教育出版社　博集天卷

自序
向无聊宣战 让自己有聊

2020年6月24号,老友言亮发来微信,邀请我在喜马拉雅音频平台上录制一档语音节目:《人文通识·格物》。节目风格自由随性,隔几周去一趟南京,在录音间里天南地北、四海八荒,随机一个主题一杯咖啡,一场思维漫游无边际不设限地展开。直到2021年8月,《格物》终章上线,104期音频的漫漫旅程暂告一段落。这一年多的时间里,我们陪伴了无数耳朵,流淌过许多灵魂,在神秘的时空中相遇又别离,最终散落成漫天繁星,彼此遥远地照耀与温暖着。

口语传播始终有着稍纵即逝的特点,但文字就不一样了,一笔一画,一撇一捺,有深深刻在历史里的劲道。由此就诞生了将这档音频节目文字化的想法，《有聊》这个名字跳入脑海。有聊，本从聊中来，感恩有人聊，感恩有得聊，聊着聊着，有了有聊，实至名归。

当然不止于此。既已印制成册，更希望喜欢阅读的你，别有收获。

这本书的出版初衷，是希望知识或信息退位，思维方式与观点登场。

二十个章节名称，与其说是一个个主题，不如说是一个个入口。圈圈圆圆圈圈，千折百转曲径通幽，一路风景固然迷人，自天空鸟瞰而来的那张路线图却最为珍贵。关于这张思维路线图，我有三个小小心得与你分享。

第一，记得常常"再往内一步"，走向"本质主义"。

这一整本书，乍一看，是从一件件身边常见的存在物入手，开启一趟智识与思维的漫游之旅，但定睛细观，入口是"物"，不如说是"名"更为贴切，以物之名。生活中的常见与熟悉之物，一旦需要你明确聚焦，用语词勾勒出一个清晰洗练的定义，你就会突然发现自己生活在一个多么模糊而低分辨率的世界里。而在概念抽象的过程中，找到那个使"一"区别于"多"的某种存在的本质属性，明晰概念的边界，深入本质的必然，是一趟极富乐趣的探索旅程。无论是苏格拉底的追问，柏拉图的理式，马斯克的"第一性原理"，都是在向本质主义的思维方式致敬。成为一名"本质主义者"，你也可以。

第二，记得常常"再往后一步"，走向"结构主义"。

拉斐尔·西博尼（Raphael Siboni）那部片名带有拉康色彩的纪录片里展现出了视点位置后移所带来的奇妙特性：通过后退一步，使框架变得可见。片中的镜头仅仅后退了数米，整个场景却瞬间"去性化"，硬核的表演迅速变成了单调乏味的、重复性的工作。在今日之"景观社会"里，镜头数量都快要超过眼球数量了，"人造景观"和"浑然天成"之间的界限早已模糊消散，我们的视线具备"后退一步"的本事，格外重要。这一步，逼迫原本隐匿于视线之外的神秘他者显形，将它置入正在缓缓现身的巨大结构之中。往后一步，让物与物、物与人的关联自然浮现，物的内在本质在这张被嵌入的"存在之网"中得以重新梳理，物的概念外延在这经纬交织间得以全新的锚定、形塑和生长。而且通过一步步地不断后退，使得一张又一张不同尺度的"意义之网"重叠、融合、立体、丰富，最后铸成一份独属于此物（或此概念）的"结构晶体"——这早已不再是独属于此物的一份呈现，这网的编织者、晶体的铸造者之鲜明的主体性印痕也已刻入其中、融为一体了。成为一名"结构主义者"，你也可以。

第三，记得常说"你说得不对"，走向"批判主义"。

有朋友马上会说："批判还不容易？"任意进入一个互联网平台，"批判"无处不在。当然，还是必须得说，理性的、科学的、有力的、有价值的批判极其少见，反而更显弥足珍贵。对事不对人、去情绪化、逻辑在线，达到这几个最基本的入门要求就已经颇为不易了。能清晰聚焦、能高效表达、能迈过语言的陷阱在交锋中深入，已经要为他们响起掌声了。如果能"破"还能"立"，在质疑中接纳，在批判中创造，把黑格尔的"正反合"理论扎根到生活细节里，将否定之否定或扬弃变成一种生命习惯，更值得起立为之鼓掌，且掌声应当经久不息。成为一名真正的"批判主义者"，你也可以。

最后，这本小书还有个小小梦想：用有聊，向无聊和孤独，宣战。

身边的无聊正茂盛生长。喧嚣与孤独竟同时如影随形。

无聊——是"自我的沉默"，是意义没入海面。

孤独——是"他者的消散"，是大主体没有回声的呐喊。

尼采太勇敢，想以超人的强力意志书写新时代的价值体系，这太难。但用旺盛的创造力来体现生命意志，来书写生命激情，来镌刻生命价值，我向往。

《有聊》是个小小尝试，关于流动，关于连接，关于意义，关于我们。

我思，故我在；

有聊，故我们在。

破碎吧孤岛！我们永不会温和地走入那个良夜。

是为序。

目录

幽默
任何一个悲剧，
你离它越远就越搞笑。

001

八卦
吃瓜三段论：
事实吃之、推断看之、情绪弃之。

015

网红
注意力本身就是生产力。

029

成功学
成功真的可以学吗？

041

钱
金钱背后的本质，
就是一种信任关系。

061

撸猫
猫爱不确定。

077

聪明
聪明是一趟不可逆的旅程。

093

中年男人
"去油"攻略：不贪吃，不好色。

115

现代传媒
媒介的本质是官能的延展。

127

梦
你的梦想是什么？
你的童年里最缺什么？

139

酒
酒醒了，人还是人。

155

辣
辣是轻微的可控的痛。

167

国潮
文化自信的背后永远是经济自信。

179

武林
止戈为武。

191

外星人
人类之所以追问、探索，
就是为了不孤独。

207

基因
基因是一个特别好的能承担我们
简单归因的工具。

223

汽车
全力奔跑。静待佳音。

237

现代日本
在变与不变中找到间性的存在。

263

死亡
死是必然，
我们必须用生来诠释死。

277

性别
我们反抗的，不是任何一种性别，
而是不平等本身。

287

一个彩蛋

313

有聊

幽默

任何一个悲剧,你离它越远就越搞笑。

幽默，你也可以

幽默，很多人都说中国人缺这个东西，或者说不擅长，它到底是什么？

所有让人发笑的，都能被称之为幽默吗？

如果只是谈到笑这个动作，这是相当多的灵长类动物也已演化出的面部表情之一。黑猩猩、倭黑猩猩以及猕猴都会在特定情境中绽放出微笑、大笑等我们人类非常熟悉的表情。对此，德斯蒙德·莫利斯在"裸猿"三部曲中对此有过精妙论述。显然，我们这里聊到的幽默，笑是它一种重要的表征，但绝不是全部。

广义上也许可以这么说，细分的话，区别于搞笑、诙谐、滑稽，幽默应该是所有让我们发笑的事物中层次位阶比较高的那部分，通俗地说——高级的笑——我们称之为幽默。

幽默的本质是什么？人为什么会笑？这一直是西方哲学家们思索的关键问题。

"笑"有三种比较主流的观点。一种是亚里士多德的观点，他觉得"笑"是因为优越，优越感带来笑，所以我们看到那些弱的、惨的、悲的事物，而又不身处其中的时候，幽默就诞生了。

如果将这个观点往外延展,可能会得到整个西方的戏剧理论。

喜剧跟悲剧的核心都是惨,区别在于你处在什么位置上。就像莎士比亚的四大悲剧,代入感很强,把观众拉入惨的场景当中,设身处地地代入角色情境,让人为之落泪,悲剧水到渠成。而喜剧则是将你不断推远,不断间离,远离悲惨的境地,一旦调成了旁观者视角,你的位置就高了,就会产生优越感,就会发笑,喜剧应运而生。

所以有一种戏剧理论认为**悲剧某种意义上是代入了的悲惨,喜剧就是间离了的、遥远的悲剧**。悲剧喜剧往往在一线之间,厉害的艺术家可以在这一线之间来回把玩,让人又哭又笑。

我们看《大话西游》,最后紫霞说那人好像一条狗啊,你听到时是不是百感交集?这不就是我吗?谁不曾失去过所爱,谁不曾孤单上路,谁不曾活得像条狗?想到这里忍不住落下泪来。可一旦你把自己推远,这个人怎么像条狗,又会觉得很欢乐。真正顶级的戏剧就是让人在悲喜剧的边界来回游走,在观众到底处在什么位置上不断下功夫,一会儿置入一会儿间离,引发各种极致情绪在内心翻腾,这就是高级的艺术表现形式。

再到弗洛伊德,又有新的理解。弗洛伊德认为性或者说力比多*（libido）是人的一切思想和行为的源动力，所以他认为幽默就是压抑的解除，这是第二种观点。

人有很多的欲望在文明社会中不能随时随地地释放，当这些压抑的部分突然被释放出来，就会发出愉悦的、爽朗的大笑。这就可以解释某些衣冠楚楚的上流社会人士，对黄段子的偏好。从弗洛伊德心理学的角度来说，这就是他们压抑的释放与解除。

现在西方更为主流的一种幽默理论叫"乖讹论"，"乖讹论"认为任何情况下幽默的产生都是基于对某一概念与实物之间不和谐的突然领悟，而幽默本身就是这种不和谐的一种表现。它的本质就是意外，意外让人觉得好笑，意外的程度决定了好笑的程度。这一点在相声或脱口秀的创作当中，已经变成了一种公式化或模块化的创作手法。相声需要铺垫包袱，抖包袱的核心就是营造意外，通过前面一系列的场景的营造，将所有的思路引向A，最后突然给出B，就让人意外，笑由此发生。

当然，相声的这个抖包袱是需要技巧的，它首先需要埋，铺垫到位了，抖出来的那一下才有效果。怎么埋，怎么抖，节奏如何把控，抖的力道和尺度怎么拿捏，差别可能只在毫厘之间，但效果却天差地别。这两年爆火的脱口秀也是如此，它们内在的核心要素是一致的，就是营造意外。

---

* 力比多：libido 的音译，是弗洛伊德理论中的一个重要概念，基本含义是性力、性原欲，即性本能的一种内在的原发的功能、力量。

我认识的很多喜剧演员,他们生活中都寡言少语,并不像人们想象的那样——生活中也口若悬河幽默极了,因为他们必须把这个力道留给舞台。几乎每个人都会在手机备忘录里记录生活的细节和意外,把它们稍作发酵,就是幽默的灵感来源。所有的幽默都是扎根在生活中的,所以它是可以被训练出来的一种能力。所以西方的一本《喜剧圣经》里有一个核心观点:我们身边的任何一个人都可以在舞台上讲5分钟脱口秀。

诶,说到这儿,我生活中也有这么一段儿。

大概4岁多,我在玩儿的时候看到一块木板,上面有一颗钉子露出了尾巴,我就想用锤子把钉子锤进去,但是4岁的我举一个羊角锤属实有点儿超纲了。羊角锤大家都知道吧,就是前边儿是锤子,后边儿有像羊角一样的用来撬钉子的尾巴。我当时就想,那我把它举得高高的,高过我的头顶,砸下去的力道才足够大。然后我就使出了洪荒之力把锤子猛地举起来——悲剧了——锤子砸到了我的后脑勺上,准确地说,是嵌在了我的后脑勺上,那个羊角直接卡在我脑袋里了。我当时的第一反应不是疼,而是——咦,它怎么拿不下来了?

等我反应过来,就开始大哭,完了完了,我的脑袋是不是被砸穿了?我是不是就快要死了?我妈一看到我,也吓傻了,孩子脑袋上挂个锤子,锤柄高高地翘起来,不知道砸进去多深,也不敢拔。抱着我拦了一辆出租车就火速往医院赶。

我在车上也一直哭,但是到现在我都记得当时那个出租车司机从后视镜里看我们的那个憋笑的眼神,我可太理解他了,就是想笑但又觉得这也太不礼貌了吧只好生生憋着的那种,一个娃,脑袋上长了个锤子,很悲惨,但是真的很好笑。

等到了医院,我妈把我从车上抱下去,关上门的那一瞬间,我觉得这个出租车司机应该在里面大笑了30秒。

你们看,每个人都有过类似这样的悲惨经历,都是生活贡献给我们的幽默的素材。

那我自己是从什么时候觉得这段经历是很搞笑的呢?就是从远离了它开始。

我五六岁的时候想到这个场景还是会哭,因为还能感受到那种疼痛,但等到七八岁再想起,我自己也会笑。因为我远离了它,我远离了我自己那个悲惨的情景。

任何一个悲剧,你离它越远就越搞笑。现在,我每每回忆起这段经历就会乐不可支,因为我已经不是主体了,而是变成了彻底的旁观者:我在后视镜里也看到过自己当时的样子,那个诡异的造型确实很傻很好笑。

所以绝大部分的喜剧中都有个傻乎乎的主角,比如憨豆先生。这个角色让我们产生间离,看到他我们就会想:我比这个傻子聪明。第一时间就建立起了这种优越感,喜剧效果的基础就有了。

我们不仅在生活中搜集这样的幽默,甚至还主动地创造这样的幽默。这就是现代文明给予我们的一种保护,**可控的**

悲剧或者悲惨，它甚至是可以被制造的，然后我们去围观它。创造笑能带来经济价值，带来大家注意力的汇聚，这就变成了制造幽默的产业链。

生活当中那些幽默的人，他们往往是人群里的焦点，或者是一个群体与另一个群体之间连接的桥梁，像是自带 Wi-Fi 一样，大家都想靠近他们。他们有对生活敏锐的直觉，能用锐利的手法将其提炼出来，然后用一种乐观的调侃方式将真相这个气球"扎破"，呈现生活真实的面貌，让身边的人忘却烦恼开怀大笑。这其实是非常迷人的技能，也是一种美妙的创造力。

但幽默其实是一种天赋人权，搞笑，是每个人都能做到的。

幽默的力量和面貌

我们刚才聊的是广义的幽默，这里面有很多滑稽、诙谐的部分。但是当我们回到狭义的幽默时，营造的意外也是有差别的。因为意外可以是一个形容词，意外的场景、意外的故事，这是一种非常直接的好笑。笑过之后，你可能不会产生余韵，不会再去回味它。而如果意外的是逻辑、是观点、是对生活本质的某种思考，这个时候，你作为观众、作为受众可能要停一两秒，想明白了，才能发现其中的妙处，你的思考和理性就被引入了。这个维度的意外就有了某种高级的色彩。

钱锺书先生的《围城》里，有很多细节都不是直接的意外，而是埋下了一条线索，让你根据自己的逻辑推导出某一个结论，之后他突然给出另一个结论，你回头一想，这个逻辑也走得通，那么意外的逻辑就产生了，高级的幽默也产生了。

为什么这样的幽默显得高级？因为它带入了你的劳动。直接给的意外仿佛是直接挠你的痒痒，你会笑，但你是被动的接受者。**但高级的幽默，你是参与者之一，是创造者之一，也就是说意外的逻辑创造的幽默是你们共同建构的，是讲者与听者合力完成的一次合谋。**当然，高级的幽默是有门槛的，对于一部分受众来说，他领会不到逻辑的妙处，他无法参与创造，就无法感受这一层次的幽默带来的冲击。

意外的逻辑只是高级幽默的一个路径，更高级一点的还有意外的哲思，这里面不仅有逻辑线的延展和突围，还有能够回味很久的深度价值。幽默依然是它的表现形式，但是发笑已经不再是它唯一的目的，它充斥着更多的可能性。

比如周星驰的《功夫》里有这样一个场景，周星驰扮演的阿星被火云邪神咣咣一顿胖揍，脑袋都已经被砸到地底下、完全看不见了，这个时候，他依然强撑着伸出一只手，捡起了旁边的一个小木片儿,啪地敲了火云邪神一下。

都被打成这样了,极致的悲惨,但就是这最后一下,你还是会忍不住想笑,但这又是极复杂的笑——你看到了那份永不服输的勇气:我还能打,别以为我会这样被击败。是不是突然有了古希腊史诗中的那种悲壮?是不是突然有了《老人与海》中那片风雨交加的海面的影子?面对不可能战胜的命运,我就是不倒下。

这里面就有了更多可以延展和回味的东西,你停留的可能也不再只是那一两秒了,而是第二天醒来还会想到,甚至在未来漫长的人生旅途中,当你受尽磋磨,会突然想到那只伸出来的手拿着小木片敲了自己的灵魂那么一下:他都被打成那样了还要反抗,我就这样被打败了吗?

这是更长久的能够支撑你的力量。

不同国家和地区的人对幽默的理解和表达方式也是不同的,比如有美式幽默、英式幽默、法式幽默。

这些幽默的风格不一,但万变不离其宗,还是来源于优越感、压抑的释放或者意外。

如美式脱口秀中两个永恒的主题就是政治和性,它成为现代美式幽默的标签。美国曾经是一个清教徒的国家,他们的世俗生活曾经也是充满各种束缚的。所以往前一百多年,性和政治也曾有着诸多禁忌。而自20世纪五六十年代从压抑中释放的一代到八十年代之后的新自由主义,再到如今,这两个话题脱离束缚异军突起，压力释放的力道可见一斑。

许多人觉得他们可以开这些玩笑，是不是证明自由度很高，其实并不完全是。每个国家和地区都有自己的"高压线"，比如种族问题、平权问题、性别问题，在美国就是不能随便被调侃的，他们有他们的政治正确的底线。

不同的文明类型，底线的位置不一样，没有谁有无限制的自由。

从国内各地域来说，大家普遍认同有一个地方的人好像幽默感会更足一点，那就是东北。之前我问过一个东北人为什么，他说是因为东北人够闲。

东北有黑土地，粮食管够，能吃饱也不用太劳累，冬天天黑得特别早，外面又冷，大家就只能围坐在炕上唠嗑。唠着唠着，这个能力就锻炼出来了。会唠嗑的人整个村的人都喜欢，从村里到镇上，就有了这样一个自下而上的唠嗑的氛围。不管是在哪个媒介时代，之前的电视时代再到现在的自媒体时代，东北人的幽默都独树一帜。而且东北的方言本身就自带幽默属性，像这种声儿一出来就让人觉得好笑的方言并不多，东北是一个，天津也算一个，所以天津是相声艺术的重要发源地。

有意思的是，有些人喜欢着东北式的幽默，同时又会嫌弃它没那么高级。

这显然是掺杂了消费主义的评价。东北的幽默代表的是广大的农村劳动人民的审美,一种朴素的关于笑的审美。而海派清口、脱口秀则带着明显的都市气质、海外气质、精英气质。如果只是因为海派清口、脱口秀带来的是有钱人的笑声,就认定这种幽默更高级,这种用财富或者经济发展阶段区分幽默高低的方法,不仅粗暴而且毫无道理。

除了不同国家和地区呈现出不同的幽默风格,男性和女性的幽默表现出来的特质也是不一样的。

女性幽默在中国的传统语境当中是很艰难的,因为在中国的传统文化当中,女性先天就被赋予了端庄大方、不苟言笑的"大牡丹"型的气质审美,而幽默这种比较外放的特质是与传统的价值观相悖的。东方式审美不太接受把女性拉到很低的位置被大家围观,而是需要维持一种传统的体面,这种体面很多时候是消解幽默的,所以中国的女性有很多个性被压抑了。

因此在中国把喜剧做得很好的女演员或者公众人物承受的压力非常大。在生活中,幽默的女性就更难得了,这就是传统审美对于女性的规训。当然,有压力就有反弹,近几年"搞笑女"在网络上尤其是短视频领域的火爆,没准又是新一轮对女性规训的反叛,只不过大众一边带着新奇的视角喜欢着搞笑女们的松弛、自我和释放,而另一边又把"搞笑女怎么那么不好找对象"类似的话题顶上热搜,呈现着我们的文化内核里对于女性气质类型喜好的传统和守旧。期待早日看到"搞笑女"成为我们文化里备受男性青睐的类型,这没准儿能成为衡量我们民族性别审美平等的一杆奇妙的标尺。

脱口秀的未来

脱口秀这种形式在西方成为一大时尚,也就是近四五十年的事情。

而脱口秀在中国已经进入了快速发展期。过去几年时间,线上的脱口秀节目引爆了线下的脱口秀,从上海、北京、深圳、杭州,到现在的武汉、成都、长沙、南京,很多脱口秀小剧场基本是一票难求,越来越多的个人专场也受到大家的青睐与赞誉。

未来十年,中国的脱口秀会不会进化出新的模式——商业模式或者是技术模式,我们在这条进化的道路上能不能起到推一把的作用,这是可以琢磨和摸索的。

但以我的观察,至少在目前,中国脱口秀旗帜性的人物还没有出现。

我们已经有了一批非常优秀的脱口秀演员,有了在这个领域拓荒的功臣,有了技术极其出众的几位"天花板",有风格极其鲜明的脱口秀天才,也有粉丝众多的脱口秀 Idol(偶像),但离旗帜,都还有一些距离。

旗帜般的脱口秀演员，背后需要有一套完整的自洽的现代性的价值体系在发力。他的脱口秀、他的幽默都是来自生活中的细节，啪的一下打到他的那个价值体系当中，散发出的光芒，这个点亮了一下，另一个点又擦亮了，它是持续发力的。因为背后的一整套价值体系在不断地往前传递力量，这种根源性的力量能够横跨几十年的时间不褪色，在与生活的撞击中产生生长性的幽默。这样的幽默，能在笑容之外，照亮其他的生命。这是持续生产高质量幽默的基石，这深厚的生命价值是唯一能抵御时间的力量。这样的力量，卓别林的身上有，周星驰的身上也曾有过。有了这样的力量，才能成为幽默这个概念在一个时代里的映射，成为一代人关于幽默的共同记忆。

输出段子的那些语言技巧可能就是三板斧，会快速让人审美疲劳，尤其是在当下这种高速迭代的互联网语境下。而背后有一整套体系的力量作为支撑的脱口秀演员，在中国当下的脱口秀界，可能暂时还没有看到。我们共同期待着 TA 的出现。

八卦

吃瓜三段论:事实吃之、推断看之、情绪弃之。

何为八卦？

提到八卦，不知道大家最先浮现在脑海中的理解是哪一种。

从本源上来说，八卦指的是八个卦象。我们常见的太极八卦图，上面那个白色的点代表至阳，下面的那个纯黑的点代表至阴，至阳和至阴两个点高速旋转就形成了一个白色的点周边是黑、黑色点周边是白的双鱼图，因为它特别像两条鱼复合在一起，所以又叫作太极双鱼图。然后阴阳生两仪，两仪生四象，四象生八卦。古人用一根连续的直线表示阳，一根断裂的直线表示阴，于是就有了乾、坤、震、巽、坎、离、艮、兑，分别代表了天、地、雷、风、水、火、山、泽。这其实是中国古人对外部存在最粗浅的归类，这八个卦象对应了八种存在的基本结构。这八个卦象之间来回搭配成六十四卦，再用这六十四卦来进行一些占卜和推算。

最早的时候用来占卜的介质是蓍草，之后用的是乌龟壳，因为这是中国古人认为活的时间最长的两个物种。蓍草被认为是植物当中生命最长的,乌龟则是动物当中生命最长的,所以吉利,有灵气。

这种占卜当然是一个大而化之的考量,而不是预测某个具体的细节,比如我明天考试能考多少分这种问题。你非要拿这个问题来卜一卦,那么周易给出的解释可能是潜龙勿用或者亢龙有悔。潜龙勿用给你的启示是,虽然你很厉害,可才刚刚开始呢,要慢慢修炼,即使你是一条龙,也一定要小心谨慎。那亢龙有悔的意思是骄傲的龙一定会有后悔的那一天,就算到了至高的位置也一定要慎之又慎,所以明天考试的时候千万不要骄傲。

听起来是不是觉得还挺准的,不管你明天考得怎么样,这一卦都能解释得通。考得好,因为我没有嘚瑟没骄傲;考得不好,可能确实是心态有点儿飘了。这其实是中国最古老的一些人生智慧和处世哲学。某种意义上,后来绵延许久的**所谓的算命的艺术,某种程度上也是表达的艺术。它经常会有一些居中的模棱两可的表达,然后再用事后的解释权来给出一个完满而自洽的结果。**

真正事前的精准预测,从海森堡不确定性原理到对混沌系统的研究,今天大家都知道它是不现实的。

对命运的执着当然并不独属于东方,西方从古希腊开始的各种文学作品包括神话传说,有一个重要的母题,就是命运。古希腊人坚定地认为命运是这个世界最重要的背景存在,并且不可以人力逆之。而命运的确定性，对"人"的自由意志而言，就构成了某种本质意义上的悲剧属性。古希腊神话里与命运的战斗及悲怆的失败几乎发生在每个神的身上，即便是那些提前知晓了自己悲剧命运，想要逆天改命的主角们，俄狄浦斯王、西西弗斯们，最后也只是悲哀地发现自己抗争命运的冲动反而构成了命运合拢的最终一环。自由意志真的存在吗？对这一终极问题的追问拉开了古希腊艺术成就恢宏的序幕。

但西方文明用近两三百年兴起的科学和理性主义把命运这个命题破解掉了，虽说到了后现代，我们对命运不断有了新的解构的方法，但是科学和理性已然完成了对命运的祛魅。因而衍生出了西方近现代预测命运的思路，就是对规律的把握。牛顿想要预测一个小球的命运，推了小球一下，它会滑到哪儿停下来？提出猜想。通过实验完成对猜想的证实或证伪。利用逻辑律，在猜想和猜想之间编织网络，一张科学之网开始铺展开来。这种对未来的预测开启了整个自然科学几百年发展的大门，一直到经典物理学的尾端，大家认为整个世界就是一个精密的钟表，当上帝完成了第一推动之后，后面的一切细节都是可预测的。

当然，到了量子力学，大家意识到一切都是概率，都会塌缩，任何一个粒子的动量和位置是无法在同一时间点被精准确定的。确定了位置就无法确定动量，确定了动量就无法确定位置,不是观测能力达不到导致的观测不准,而是这两个物理量在微观世界本身就具有内嵌的冲突性。至此,世界是一个精密的钟表这个论断某种意义上已经被推翻了,这才有了那句——"**连物质世界都是概率,人情更是不可触摸的烟云**"。

再到混沌系统的研究突破,亚马孙丛林一只扇动着翅膀的蝴蝶所带来的扰动的累积和放大,可以在两周以后引起美国的一场龙卷风。人类对确定性的笃定和迷狂已经被现代科学击得粉碎——如果在客观的当下都无法精准地观测,再加入了人的主观能动性和自由意志,谁有这个能力用两块乌龟壳去敲出未来命运的走向呢?

那为什么我们还要执着于此?不仅是我们普通人,还有那么多的商界巨子、社会名流,他们也会求助于各种途径去预测未来。

这是一种对不确定性的本能恐惧。谁身处黑暗都会感到害怕,而未来就是时间意义上的信息黑暗。如果有一种方式能够照见未来,我们当然是开心的,都会想要看一看。当然你可能认为这样的照见只是一种心理安慰,**但有些时候,想象中的照见也能成为光本身。**

这种正向的反馈在临床心理学上是得到过验证的,称之为罗森塔尔效应。

这个效应来源于一个实验,美国心理学家罗森塔尔到一个小学进行了"未来发展趋势测验",然后随机选取了一些学生把名单交给老师,说名单上的孩子经过科学测定,非常优秀,是天才。一段时间过后,罗森塔尔再回到学校,发现这些学生进步非常大。这就是期望心理中的共鸣现象。老师收到暗示后,不仅对名单上的学生抱有更高的期望,而且有意无意地通过态度、表情、体谅和给予更多提问、辅导、赞许等行为方式,将隐含的期望传递给这些学生,学生则给老师以积极的反馈;这种反馈又激起老师更大的教育热情,维持其原有期望,并对这些学生给予更多关照。如此循环往复,以至这些学生的智力、学业成绩以及社会行为都朝着教师期望的方向靠拢,使期望成为现实。

在我们日常生活中常见的预测行为可以归类为两个系统。一类是一级混沌系统,也就是预测的本身不影响结果,比如我预测明天要下雨,那明天下不下雨跟我的预测一点关系也没有。另一类是二级混沌系统,也即预测行为本身能够对结果造成影响,比如我预测明天某一只股票要涨,如果我有足够的市场影响力,大家就会看到这句话,然后说真的吗?最后开始都买,股票明天果然就涨了。

罗森塔尔的这个实验本质上就是一个预测的二级混沌系统,他随机做了一个抽取,我们可以理解成一个恶作剧,也可以理解成一次预测,但这个预测的结果竟然应验了。因为预测的行为反作用于事件本身,影响了事件的结果。

而那些商界巨子、社会名流执着于预测未来，当然不是执着地想要预测天气，而是执着于股票明天会不会涨。他们清楚地知道，预测本身就是重要变量，他们找所谓的大师去算命，是因为他们知道大师所说的话本身就是某些二级混沌系统中重要的影响因子。

撇开这些有能力影响预测结果的商业巨子、"大师"，普通人往往在处于人生低谷期的时候特别想要去庙里拜拜，算上一卦。我们有多么相信理性，这个时候往往可以一见分晓。在顺境里，在你发光的时候，人大多都愿意信奉理性，这一切的成就都是我努力得来的，自我重要性得以正向强化，理所应当。可一旦到了谷底，人往往会选择把理性丢到一边，面对失败和挫折习惯性地把责任外推——这一定是风水不好、机缘不好，得找人看一看未来的走势命运，帮我转运。

可我们捋一捋算命的逻辑，就会发现里头有一个巨大的悖论。假如我们发自内心地相信未来是可以看见的，那么我们就必须承认一个前提：未来是确定的，或者未来至少基本确定才能被看见。但如果未来是确定的，意味着人力无法改变它，那我们干吗还要算命？

那你可能问，我们为什么不可以改命呢？

朋友，如果这位"大师"可以改，那另一位"大师"可不可以再改一改？谁改的未来结果才是终局呢？

算命本身存在着内在逻辑上的冲突与缠绕。如果确定方

能预测，可已确定就不必预测；如果不确定才能改变，那么不确定你又在预测什么呢？

所以算命先生大概率是挣不到我的钱的。

说到算命，还得聊一聊风水。

"风"这个字在中国古代不仅仅指空气的流动，也指一种"场"，甚至成为中国特有的一种文化符号。在日本，有这个意味的字是"气"——气场，是对一个人周身流动着的无形感受的一种综合描述。气相对静态，而在中国，我们会用风这个字来表达"场"，风是流动的，流动一旦形成一种规律、一种循环，还会影响到他人。

我们有家风，一个家里循环的气场，一个学校有校风、学风，一个君子要有自己的风骨，它是一个综合体系所表现出来的气场的统称。

所以当我们来谈论建筑的风水时，其实就是在感受它周围的风与气的流动，感受它的综合气场。中国人是有这种感觉的，有的地方站在那儿就感觉舒服，你可能说不上来哪里舒服，但就觉得这个地方的气场跟自己相合。有的地方你站在那儿就觉得逼仄、憋屈，不舒服，气场不合。

这一方面跟我们的成长环境、直觉认知、审美旨趣息息相关；另一方面，背后还有着深刻的心理学方面的动机，只不过我们没有意识到。现在心理学专门有一个分支就是建筑心理学，研究所有外部空间结构是如何影响我们的心理的。

比如为什么我们总说风水宝地，建筑物前面要有水，后面要有山，水意味着财，山意味着贵，这是几千年的文化脉络所赋予的意义。而如果前面是悬崖断坑、乱石嶙峋，我们就会觉得不舒服。这种不舒服会影响你住进去的心态，你的心态影响到你的运势。比如你可能心烦意乱睡不好，睡不好就精神不好，第二天工作上就有可能出岔子，担忧就成真了。这就是文化符号的心理投射，作用在一个二级混沌的系统当中，对你产生了结构性的影响。

吃瓜群众的自我修养

到了现代，八卦衍生出另一个定义，跟隐私、吃瓜有关。

这来源于中国香港地区，香港有一些周刊小报，偷拍明星的图片当初打的马赛克就是一个八卦图形，这一类新闻就被叫作八卦新闻。

为什么大家都爱看八卦新闻？这跟人类的窥私欲有关，我们对周边他人的隐私都是好奇的，不仅仅是对公众人物，而是所有他人的隐私。你在上班，突然听到办公室里有人说谁谁谁怎么了，是不是会本能地竖着耳朵听一下？这是因为我们对自己生活里相关信息本能占有的欲望。且信息越隐私就越想知道，因为**对于隐私的占有能带来特别感，让自己认**

为我与他人就不一样了，独特性得到了某种确认。

我占有了非公共信息，占有了有分别度有辨识度的信息，就是我的荣誉勋章。我占有不了其他资源，我还占有不了这点八卦？

但凡我知道你不知道，那么我天然就处于信息世界里居高临下的地位。一个人拉你过来，悄悄在你耳边低语：哎，我跟你说个事儿，你可别跟别人说。大家想象一下这个场景，是不是位置感一下就出来了。被耳语的我一下就能在信息世界里俯视其他众生，这种地位本身就是迷人的。所以任何年代只要人性尚存，人就不会失去八卦之魂。

八卦是人的本性或本能，但不可否认，八卦当中的非事实信息会带来巨大的悲剧和伤害，流言蜚语的杀伤力有时候是刀刀见血的。

吃瓜群众并不在乎事实的真相如何，我吃瓜就是为了满足八卦之心，为什么要理性客观地去分析事实的真相？×××学术造假，这才有意思，我们爱看的是这个。这也是为什么**在网络时代，大家酷爱造神、也爱毁神，在一拥而上的吃瓜行为里看到一个神跌落神坛，这本身就是巨大的诱惑。**

这就是人性。

有没有什么办法可以理性吃瓜？

但凡以后听到、看到"瓜"的时候，有一个最简单的方法来辨别真伪，就是考核其信息来源，符不符合"多信源交叉印证"的基本原则。如果这些信息全部来源于一方，而跟这一方的利益还高度相关，那么就需要提高警惕了，这里面有可能有利益带来的"创造"。如果信息同时来自利益完全不相关的两方或多方，那他们共同的表达汇聚成的信息最大公约数，有可能是离事实最近的样子。

这其实都是新闻伦理中基本的新闻操守，但在去中心化的网络背景下，自媒体大行其道，倒逼吃瓜群众也得在信息爆炸时代修炼出吃瓜的基本修养。

我总结了一个吃瓜小方法，用瓜肉、瓜子和瓜皮来做个区分。"瓜肉"是真正的事实，也就是上面说的经过了多信源交叉印证的事实，这是"瓜"中有营养的部分。信息中观点和推论的部分则需要存疑、观察，这部分是瓜子，有的瓜子经过加工可以吃，有的则不能吃，我们看看就好。那什么是应该扔掉的瓜皮？煽动情绪的、让你看完之后就立马燃起战斗欲的、嗨起来的，最典型的最直观的就是标题猩红的3个感叹号，"不转不是中国人！！！""你连这都还不知道吗！！！"等系列，这一看就带有强烈情绪诱发的内容，背后一定跟某种利益高度相关，情绪被煽动意味着冲动被快速点燃，于是带来更多的点击、阅读、评论、转发和对骂，流量平地而起，从而产生更高的广告报价。

所以吃瓜三段论，瓜肉、瓜子、瓜皮，**事实吃之、推断看之、情绪弃之**，可能是相对比较理性的吃瓜方式。但是这很难，怎么对事实的部分进行多信源交叉印证，非常考验大家对信息的分类、辨别、吸取的能力。谁能在这个信息爆炸的时代，练就一双在信息海洋里辨别真伪的火眼金睛，谁离情绪自由就又近了一步。当其他人还在被操控的情绪海洋里浮沉，沦为其他人挣钱的工具人和背景板时，你已经从里面跳脱出来了。

大家爱八卦，除了人本性中的窥私欲，还因为它是新时代人类社群中重要的黏合剂。心理学上有一个很有趣的观点，就是所有人的情感建构都是在说"废话"的过程中延展出来的。大家可以回忆一下自己跟好兄弟或者好闺蜜在一起的场景，是不是有海量的时间都在说毫无意义的话，但这些人就是你关系最亲密的人。

所有的情感都是在毫无意义的废话中积淀出来的。 因为意义本身是指向效率的，如果交流和表达都指向高效，那就是目的导向，而不是情感导向了。

八卦里就有大量的废话，但是八卦重不重要？也重要，因为它背后的人重要，感情重要。我们愿意用八卦这种方式来释放社交善意，来寻求彼此的价值观认同和安全感，我们对一个八卦持有同样的态度，那么我们可能有共同的价值观。

当然还有一点，就是人跟人真的差别好大。有一类人的沟通方式就是效率导向的，他没有八卦之心，一语中的，直击要害，说完即止，当然你就很难想象该如何跟这类人有更深的情感联结；另一类人他的沟通方式就是情感导向的，经常大段大段地表述，你有时候不知道他在说啥也不知道主题是什么，但这就对了，他没有主题，他只是在发泄一下情绪甚至只是直觉意识流地叨叨。

这两类人在今天这个社会同样重要，前者大多是专业指向性的人才，而后者其实是资源配置型人才中常见的类型。

在那些看起来庞杂而低效的叙述当中，其实带有很多的背景色。**人性的底色很多时候不是通过高效的语言表达出来的，而是在那些啰里啰唆的絮叨里浸润出来的。**

我们总说妈妈比爸爸更爱孩子，为什么？因为妈妈有事没事就在身边唠叨，你一回头妈妈就在说说说，那个情感的浓度是不是就高一些？你是不是就觉得妈妈的人性底色要更清晰一些？爸爸一般不爱说废话，那你就觉得他遥远、不清晰。

我说一件真事儿。我有一个朋友，某天要跟他碰一个事情，本来约的是晚上吃饭，他表示今晚家里出了点儿事要改明天中午。这本是一句话就可以表达清楚的改约，结果他跟我59秒的语音发了七八条，把他家里具体遇到了什么事、姥姥是什么疾病突发、原医院治疗结果不甚满意要转院但又遇到了哪些难题、家里的姨和舅舅们发生了怎么样的冲突跟我絮叨了个遍。只是一顿饭改个时间，你说这些是有必要的信息么？完全不是。

但就是这些看似完全冗余的无效信息，很可能在日后某个未知的时间场中就起到了作用。因为它建构了情感的基石，打开了深入了解一个人人性的大门，关键是它同构了某种神奇的牵绊，那个你本一辈子也不会认识的"姥姥"突然跟你的生命有了某种遥远又切近的关联。你说不上这些信息会在未来哪一刻起作用，但就有那么一种可能，未来的某一天，它忽然亮了起来。这就是八卦背后的价值，它是我们生活中的暗语言，传递的是一些暗信息，它不会在当下就发光就起作用，但某种意义上它很像基因中占比98%可测但不可分析的"暗代码"抑或是宇宙中的暗物质，我们去储存它们、触碰它们，可能会诗意地邂逅某些意料之外的美妙收获。

有聊

网红

注意力本身就是生产力。

网红简史

大家有没有发现,在十年前的语境下,"网红"可能还是一个比较高级的词,但是现在我们说到网红,却走向了高级的反面?

网,意味着流量;红,意味着名气。但是流量和名气这两个词,仿佛带着某种先天的危险,似乎有很多内嵌的不确定性,如疾风骤雨扑面而来。但我认为,网红这个词既不能归类到"高级"的范畴内,也不该先天跟"低俗"挂钩,它只描述了一个出名的渠道和名气的程度,我觉得是时候剥离它的价值判断,回归它的本意了——不过只是用来指代那些通过互联网平台拥有了一定知名度的社会公众人物而已。

实际上,不同的时代有不同的"走红"方式。早在19世纪,人们可以依靠社交来走红,欧洲贵族社交圈里的名媛频繁出入各种社交场合而引人瞩目,这凭借的不仅是美貌、财富和权力,还有非凡的社交能力和极高的情商。到了20世纪三四十年代,进入"好莱坞时代",出现了"好莱坞造星模式",即艺人通过艺术能力的不断积累和沉淀,创作出属于自己的代表作品——比如歌曲、舞蹈、电影、电视剧,在激烈的竞争中脱颖而出,拥有了一定的知名度,然后会有经纪公司签约，对他进行商业运作，继而创造和呈现出更多的作品。随着作品的累积和影响力的扩大，这些艺人变成表演艺术家，甚至会开创一个流派，成为一种风格，最后会凝华成一种符号载入史册，比如卓别林。后来伴随着电影的商业化，到20世纪五六十年代，明星走红的模式变成了"全域管理"，由经纪公司来对艺人进行全方位的运作。这个模式也直接影响了20世纪八九十年代的香港电影。此时，具有较高知名度的艺人被称作Star，也就是明星。那时候的明星大多是"两栖"或"三栖"，同时涉足电影、电视、歌坛、主持多个领域，基本都是全能艺人，像刘德华、张学友、梅艳芳，等等，都是那个巨星时代全民偶像的标志。

到2000年前后，互联网开始普及，"网红"就此出现，颠覆了之前的"造星"线路。网红走的是和之前的明星截然不同的走红之路，这其中涉及几个关键词内涵的改变。

首先，关于"作品"，这个概念开始消解，或者说在泛化，很多东西都可以被称为作品，甚至日常生活记录都被赋予"作品"的属性，发布到网络上展示和传播。在当下，对于网红来说，什么是他们的真实作品？这或许不是电影，不是歌曲，也不是综艺，而是他们的人格形象。

其次，现在网红所吸引的群体也不再是我们传统定义的观众或者听众，而是一批有着全新含义的"粉丝"，有高强度喜爱的铁粉，也有若即若离的路人粉，也有仅仅只是点了一个关注的围观者,从而催生了全新的"粉丝模式"。

最后,关于走红的模式,区别于之前的好莱坞或香港电影明星的路线,进化出了几种全新的走红路线图。比如说专业化程度强、资本密集的"日韩模式"。典型代表包括韩国 SM 娱乐公司、日本的杰尼斯事务所等较为常见的"养成"模式,它们快速将"造星"模式工业化、商业化、流水线化、产品化、去个性化,用最高效的方式打造出一整条造星流水线。这种模式被我国的互联网借鉴,从而催生了一批"网生一代"的流量。还有更草根些的方式,可能就是一两个作品恰好卡在了时代和社会的情绪点上,一夜之间引发注意力的高度聚集,自然走红。当然,这一类网红在互联网时代初期还较为常见,最近五到八年,在整个高度专业化的造星"正规军"面前,纯自然走红的"网红"已经越来越少见了——毕竟,注意力早已成为一笔生意,而注意力聚焦的基本步骤和玩法已被资本研究得透透的了。

虽然,网红文化从时间上来说源头在国外,但是不得不承认,我国拥有网红文化孕育和发展所需要的最肥沃的土壤和最广阔的市场。硬件上,我国互联网尤其是移动互联网高度发达,网络应用已经渗透到我们生活的方方面面,这给网红文化的发展提供了极便利的基础条件。加上庞大的人口基数,可以迅速产生聚集效应和规模效应,可以设想一下,哪怕 1 万个人里只有一个人喜欢你,但是放到 14 亿人口里会发生什么?互联网产生了放大器效应,保证了网红经济蓬勃发展。这就是为什么韩国本来走在我们前面,本该领先的,却被我们赶超的原因。

当然,网红也是有量级的,像我们平时所说的"出圈网红",就是已经有很高国民知名度的,也就是"大网红"。与之相对的就是"小网红",有很多也是"行业类网红",有着明显的行业属性,通俗地说就是"隔行如隔山",你可能不知道不了解,但是在他所属的小众圈子,他是非常有知名度和号召力的。这些"行业类网红"精准定位某些垂直领域,如二次元世界、动漫世界、cosplay 世界、国风世界、国潮世界、电竞世界等,在不同领域深耕,在行业内名字响当当,但是一旦脱离这个行业,就知者寥寥了。

网红的走红并非纯属偶然,其背后还是有规律可循的。某一个领域的牛人因为某个作品走红,名气大增,人也红了。但是到了抖音或快手平台上,他的作品就"不灵"了,反响度一般。相反,有很多短视频作者又似乎红得莫名其妙,出现了很多不能理解的高赞作品,收获了大批粉丝。他们不按常理出牌,语言和行为都非常令人不解,不知所云,但是粉丝几百万,在线观看他们直播的人特别多,每天给他们打赏的人也非常多。无论是在我国的抖音、快手、B 站等平台上,还是国外的 YouTube 上,都有很多类似的"人格博主"成为网红。喜欢的人喜欢得不行,不喜欢的人满脑袋问号:"这是什么玩意儿?"

我其实一直不太相信莫名其妙或者毫无缘由的事情，我更相信万事万物都蕴含着未被发现的原因。

但是这些让人迷惑和费解的作品，这些看似莫名其妙的走红，让我深切地意识到了探索这个世界是多么奇妙的事情，意识到了人性有时多么傲慢，世间又有多少深入骨髓的偏见。

这世界上真的存在一些无法解释、没有缘由的事情吗？**人性有着巨大的可探索的未知空间，在理性之外也有一个非常广阔的世界。**

《圣经·新约·哥林多后书》里有一个词"克里斯玛"，意指神授的能力，是追随者用来形容诸如摩西、耶稣之类具有非凡号召力的天才人物的用语。后来也被用来形容这样一种人格：具有天生的领导者气质，能够用特别自然、与生俱来的不带压力的方式，将周围的人紧密地团结在身边，为一个信仰或目标去奋斗、去拼搏。这种人格就被称作"克里斯玛人格"，具备这类人格的人被认为是天生发着光的人，可以活成别人的信仰。

我曾经猜想某些网红会不会也带有这种"克里斯玛人格"，但是看过各种各样的网红之后，我发现他们的确天生自带很特殊的气质，这种气质很能吸引一部分群体，但又不能用像"克里斯玛人格"这样的前互联网概念来加以简单描述。

网络舆论中出现过一个词来定义这类网红，说他们是"审丑"的产物，或者说"人类的恶趣味之一"。

其实，**"审丑"是美学研究中非常重要的一个角度。**有本书叫作《审丑：万物美学》，是一本用极有意思的视角来剖析美丑的书。是否真的有丑陋这回事？丑是主观的，还是客观的？丑陋作为一种状态，是否不受人为干涉，自然地存在？真的有跨越所有文化背景和时空差异的关于"丑"的共识么？如果承认没有公认的丑，甚至每一种丑都能在某个空间和时间转化为美的话，那么当我们在聊到"审丑"的时候，就要时刻警醒自己，这里面是不是又隐藏着某种傲慢或偏见。**任何一种存在，当被我们认为是丑的时候，就已经带有一种文化意义上的俯视了，至少有审美趣味的俯视。**

这种偏见和俯视无处不在。所以我恰恰认为这类"网红"绝不是一种审丑美学，而可能是潜藏着某种自己暂时还没有领悟到的"美"中。

事实上，任何尺度上大众审美的公约数，背后都有着复杂人性与时代旋涡碰撞之后的瑰丽呈现。**有时候，不理解带来的好奇，才是推开一扇又一扇异质审美世界大门的最好钥匙。空杯，然后发现。**

我们正在大踏步迈入一个独异性审美的时代。

做网红的隐形门槛你看到了吗？

很多之前做传统媒体的从业者开始去做互联网内容的时

候,可能都经历了审美被打脸的过程。从事媒体行业几十年,本来对自己的审美是非常自信的,但开始做抖音、快手、B站等平台的内容时,发现做出来的东西根本没人喜欢,于是产生强烈的沮丧感和挫败感。

审美,在某种意义上是一个人前半生的总和,一下子经历了自我被否定,这是一种颠覆性的体验。

但这种自我颠覆可能源于自我认知的偏差。很多人选择去做互联网内容的时候,并没有认识到很多所谓的网红专业性其实非常高,比如说带货主播,他本质上是一名营销人员,从台前的口播话术推进节奏到幕后整个的供应链支撑,是需要具备很高的专业素养的;再比如美妆领域,他需要对美妆市场的进化程度和女性审美需求的变迁有深刻洞察,对他的顾客有精准的画像,同时,对产品属性和特点要做足功课,还要有极强的即兴互动与情绪调动的能力,最后方能在直播间应答如流、信手拈来。既要做到给顾客提供个性化的产品,又要最大可能地扩大覆盖面,这是非常专业非常有技术含量的事情。

随着互联网的发展,我们从4G时代跨入5G时代,大屏幕手机被开发并广泛应用,Wi-Fi越来越普及,这些都为直播带货的发展提供了必要的技术和设备支持。

我们回顾一下网络媒体发展的技术演进路径,就会发现直播带货在这几年风生水起的土壤是如何生成的。

2009 年，微博出现，起初只能发布 144 个字，因为 2G 和 3G 时代网速慢，这个文字限定数量可以保证每条发布快速弹出。

2011 年，微信出现，到 2012 年，朋友圈功能开始火了，能发照片了，这得益于网速的提高，支持照片的传送。再后来，短视频开始盛行，微信朋友圈可以发 10 秒左右的短视频。

到了 2014 年，一个全新的互联网时代到来，2014 年 6 月，移动互联网的用户正式超过了 PC 端互联网的用户。但这时还存在两个瓶颈限制移动视频流的推送：手机屏幕的大小和网络速度。于是很快，手机屏幕就突破了 3.5 英寸大小的限制，屏幕做得越来越大，这极大地优化了我们的观看体验，也意味着画面的画幅和清晰度都在不断拓展。同时另一个瓶颈也逐渐被攻克，那就是从 3G 到 4G 再到 5G，5G 迅速普及并商业化、民用化，同时城市中 Wi-Fi 也开始无处不在。

正是这一步步的技术迭代和升级，从 144 个字的文字，到照片到短视频到长视频，直到把我们推进了直播间。等到星链或者 6G 技术的成熟，也许我们连 WI-Fi 都不再需要，可以随时随地真正无缝连接到整个流媒体世界了。

直播带货也带来了购物行为的进化。网购刚开始兴起的时候，仅仅只能看到文字描述，信息还原度相当有限，大家还是倾向于去商场等实体店买东西。后来各大购物平台开始上传商品实物图，评论区也可以上传图片，有了真实的图片以及消费者反馈，就提升了购买者的信任度。然后 3C 产品开始有了拆机视频,直观地带你体验产品的使用。紧接着直播就出现了,然后直播带货应运而生。可以说,直播带货是购物体系里信息传播方式的进化之必然,文字—图片—视频—直播,背后对应着2G—3G—4G—5G,传播方式的迭代高度依托于传播速率的迭代,背后技术决定论的影子若隐若现。这可能也是为什么前几年AR、VR、可穿戴设备不断成为投资新风口——与6G甚至更高速率、更低延时对应的,不正是多感官同步延伸到沉浸式体验么?而当折扣力度、选品品控、供应链完整度开始成为决定性要素的时候,不可避免的,直播带货的流量也必然向头部聚焦。

现在电商平台的头部主播已经把直播带货做到了专业上的极致。所以,一定慎用自己的业余爱好去挑战别人的专业。**互联网时代是有隐形的门槛的**,绝大多数时候它总是用一种很亲民的方式把门槛给隐匿起来,让人误以为没有门槛。没有门槛,意味着你的竞争对手几乎是所有人,当数以亿计的对手在你面前林立的时候,胜算又有几何?

但这两年,头部主播们已经是在比拼个人魅力了,**以风格呈现吸引,以人格建构信任,最后在购物行为上切实落地。**无论是李佳琦、罗永浩,还是现在的董宇辉(东方甄选)、大小杨哥,个人屏幕形象已成为内容生产的一部分了,这也是为什么头部的主播能成为"大网红"——人终究是成了商品,有形的人成了无形的商品,甚至有形的身体(Body)的重要性逐渐退位，抽象的人格聚焦和凝华成几个典型符号，成为后现代商业链路上的重要生产要素，既被消费，也被生产，还被快速更新与迭代（曾经的大网红走红的时间单位还是以年计的，现在遗忘周期已几乎浓缩到三个月了，想想王心凌男孩、刘畊宏女孩，恍如隔世）。**消费主义总有将生物性从生物身上剥离的奇妙能力，而商业逻辑和资本逻辑，最终的价值指向总是落脚在"效率"身上。**不必怅然网红们的流星划过，星光短暂的闪耀后，众人的注意力总是急切地寻找下一个落点，资本总有办法将大众对"新奇"的追逐节奏推至极致，至于悬置的意义？更深远的思索？那些太穷、太慢、太遥远，没必要，生活终将淹没在一片浩瀚的多巴胺海洋里。曾经，人类还需要为多巴胺的点击付费；而现在，**注意力本身就是生产力**，大家只需要提供时间——那些宝贵的生命片段——来纵情享乐，后面的事情，眼睛一闭、一睁，资本已经跑完了好几个轮回了。

网红们终将老去，
但总有网红正年轻。
台前总是姹紫嫣红、星光熠熠，
资本与规律默如惊雷，笑而不语。

有聊

成功学

成功真的可以学吗?

你会为成功学鼓掌吗？

你们有没有每天早上起来，对着镜子里的自己喊上 21 次我最棒，然后就感觉全天都充满了力量？

是不是感受到了扑面而来的成功学的味道？

这可不是 21 世纪人类专属的成功宣言。成功学也并不是一个新鲜的概念，它是一个舶来品，与商业文明高度绑定，诞生于消费文明和商业文明最繁茂的国度。

没错，就是美国。

从 2007 年开始，在美国，成功学相关的产业每年的市场规模都稳定在至少 10 亿美元，做到这个量级，意味着成功学有大批的拥趸，很多人信它、需要它，愿意为此买单。

我最早接触成功学是在机场。2000 年前后，机场的书店门口往往会挂一个大屏，屏幕上总有一个男人在侃侃而谈，教你做人、做事，教你经商挣钱。我开始还真听进去了，觉得挺有道理，并且有点想给他掌声。但是成功学发展到今天，至少在我们生活的语境下，它似乎有点贬义了。很多人会诟病，怎么书店里第一排的书架上永远是成功学的书，而历史哲学的书往往放在角落沾灰无人问津。

成功学被放在了历史哲学的对立面，因为商业的生命是效率，成功学一直标榜的就是让你最高效地抵达成功。效率至上，这是成功学最本质的特点。而如果要科学地体系化地去推行成功学的方法论，这个门槛必然是很高的，大量的受众就会流失。为了争取最普通的大众，就必须把这套方法论降维，将其中理性的复杂的不容易理解的部分拔除，剩下那些感性的直觉的经验的部分。尤其是经验的，它一定跟你某种过往的经历有所重合，从而迅速唤起你直觉上的认同。

所以，最常见的成功学的基本模板，往往是这种套路：首先你得有一个好故事，这个故事一定是大多数人都经历过的某种场景、代入过的某种人物角色、体验过的某种性格特质的冲突，而且这个冲突一定是简化的、极化的，跟真实的生活相比，其他很多要素是缺失的，但是它的极端一瞬间让你从感性上产生某种共鸣。接着迅速地给你一个结论，这个结论虽然是由这个故事个例得到的，但是它会把这个结论做进一步的延展和推广，使这个结论具有某种普适性。最后告诉你，这个结论你要是掌握了，那离抵达成功简直是一步之遥。

我曾在某平台上刷到过一个短视频，一个大师说万事万物，包括人的成功和成长都是能量，你能帮助别人获得能量，你就能成功。我居然觉得这套学说好有道理，用能量这个角度去看待人跟人的关系，打开了一个新的视角。但如果要用成功学的模板，这位大师应该在前面安排一个小学的故事：

我小学的时候有一段时间成绩开始下滑，然后就遇到了一位老师，那个老师的某一句话一下子就激励了我。这本质上就是在给我补充能量，在为我赋能。当完成这次能量补给之后，我就开始意识到我也要为更多的人赋能。

谁能为他人赋能，谁就能掌握人际交往的密码，谁就能成功。

你看，这套学说故事极简，道理高度抽象，且符合直觉、符合经验，一个故事加上一句 slogan（口号，标语），就是一套完美的成功学说辞。

我也愿意为这位大师送上掌声，但同时也送上一个问题：

大师，能量是什么？

大师只有两条路，一条路是说这个东西只可意会不可言传，天机不可泄露，我说清楚了就没意思了。你不如来跟我一起感受，诉诸直觉，诉诸经验，诉诸某种朴素的认同。

当然，这个亲身体验的过程多半是收费的，大师也只是在通过教授成功学来触碰成功的彼岸。

另一条路就是大师能真的去定义这个能量是什么——它是荷尔蒙？力比多？还是一种心灵的或者脑电波意义上的奇妙能量？

在这条路上，我们就能进入一个理性探讨的框架，去质疑这个概念的基石，去探讨如何得出、经不经得起辩证，或者最后认为这仅仅只是一个不完全的归纳。

我曾经看过一本书叫作《经验的疆界》，非常有趣。里面详细地列举了人类为什么那么仰仗、相信经验，这是人类经历几百万年进化后留下的深深烙痕。

这个经验就是我们很朴素的生活经验。比如我们看见一只天鹅，白色的，再看到一只天鹅，又是白色的，我们一辈子见到的天鹅都是白色的。那么我们会下意识地得出一个结论：天鹅就是白色的，没有其他颜色。

显然，这个结论是不科学的，一个人一辈子见到的天鹅都是白色的，并不能推导出天鹅都是白色的。

1697年，探险家第一次在澳大利亚发现了黑天鹅。黑天鹅也成为一个专有的名词，来指代超出人们经验之外发生的事。

每个人的经验都是有局限性的。比如几位科学家坐火车穿过苏格兰平原的时候，看到一只黑山羊。天文学家说，你看，苏格兰的山羊是黑色的。物理学家说，这个表达不严谨，这只能说明苏格兰有黑山羊。然后旁边的数学家笑了：几点几分几秒，在什么经度什么纬度的草原上，在我们的眼中，有一只山羊的一个侧面是黑色的。

我们每个人经验的局限或者边界都是不一样的。从各自不同的边界出发，对同一事物就会得到不同的描述。

生活当中其实有很多这样的情况。比如我感冒了，然后我吃了板蓝根，好了。下次我又感冒了，吃了板蓝根又好了。所以结论是，板蓝根能治感冒。这是从个人的经验得出的最朴素的结论。

如果一个成功学的大师来进行包装，他会这样说：小时候对我最好的外婆，因感冒病得非常严重，我愿意拿自己最珍贵的东西来换回外婆的健康。然后我发现了一棵草，我把它碾碎了给外婆吃，外婆第二天就奇迹般地好了。我问神农，他告诉我这叫板蓝根。我负责任地告诉各位，板蓝根能够治感冒，我绝不会拿我外婆的事情来忽悠大家，真的能好。现在感冒的可以上来刷卡了，三块五一包。

看，这一套逻辑是非常顺畅的，它创设情境，并且直击最能引起共鸣的部分——亲情。你很难反驳，问一个为什么，他直接回怼你，别问我为什么，我外婆真的好了，事实胜于雄辩。你跟我扯科学有什么意义？科学理性比人命更重要吗？现在你外婆病了，有药能治你还不给她吃，你安的什么心？

只要锚定经验、传统、道德伦理，就能高效地让你相信，让你心甘情愿地掏钱。

我们用一个例子得出一个结论，可能下一次换了一个场景，这个结论就完全派不上用场了。但最糟糕的是，如果我们一直用这种简单的思维方式作为生活的信条，那么未来遇到问题的概率是极大的。

我自己不管是做媒体还是做教育工作，永远围绕着逻辑展开，只有把逻辑普及了，理性的大厦才有地基，现代性的文明才有可能。

成功学能不能缓解焦虑？

成功真的可以学吗？

可以。

如果这个社会对于成功有一个共识的指标或者认可，那么它当然有可以学的路径，有可复制的经验，有更高效的抵达方式。

成功可以理解为某一个特定时期的社会的人生范本，或者说可以是一种共识，就是人生应该怎么去过更有价值。

在中国古代，什么样的文人是成功的？修身齐家治国平天下，学成文武艺，货与帝王家。古代的成功大方向是利他的、是集体主义的，所以这就是那个年代的共识，这样的人生范本就是成功的。这是非常典型的建立在农耕文明、建立在家族宗系血亲文化大背景下所形成的共识。

而在西方，形成这种共识的基石是契约。陌生人和陌生人之间怎么形成共识？必须把诚和信放在至高无上的位置，只有这样，我们才能做生意，通过海洋形成全球化一体化的市场。基于契约形成商业文明，在商业文明的背景下，成功学就应运而生了，它就在这个时候给大家塑造了一个共识，塑造了一个人生的范本：我得有钱。然后，我怎么才能高效地有钱，让成功学来教你。

我们国家在改革开放后，卡耐基的书曾风靡一时，为什么？因为改革开放所建立起的新的共识，是偏向于财富积累的。比如这时有很多著名的口号："让一部分人先富起来"，"要下海学游泳"，"不管黑猫白猫，捉到老鼠就是好猫"，目的指向是非常鲜明的。也正是如此，改革开放这40多年带来了人类历史上无与伦比的最急速的效率的提升，但副作用就是，钱成了很多人最首要的目标。

钱本身只是个工具，它不是目的，钱拿到手你不花它是没有任何意义的，那该怎么花其实蕴含了你的价值观。 拿它去买好吃的，那你可能是一个欲望至上的享乐主义者；拿它去换名，那你可能是一个被声名所累的人；你拿他去低调做公益、做慈善，那可能你有利他的本心；存着要留给孩子，那你可能是一个宗系血亲的东方传统思想的捍卫者。

如果你理解的成功就是挣钱，那挣钱肯定是有方法的，而且有科学的高效的方法，比如很多经济学的基本原理都跟挣钱高度相关。我一直不认为成功学是个贬义词，只是觉得它没有必要被赋予褒义，它就是一个中性词，如同快速提高用刀技巧。

所以这是当下两个最大的误读：第一，成功就是挣钱；第二，成功学一定是贬义的。

但无论如何，成功学三个字背后蕴藏着一个巨大的情绪叫焦虑。放眼全球，最焦虑的人群可能就在东亚这一圈，就在我们这一代，我们因为很多事情而焦虑，成功无疑是其中之一。

有些人寄希望于成功学能缓解焦虑，那是不可能的。成功学只要还在，就意味着焦虑在。二者是高度绑定的概念，焦虑一旦消失，人就没有追求成功的动力了。

过去40多年，东亚是全世界发展最快的地方，从亚洲四小龙到中国的迅速崛起，焦虑在某种意义上成为发动机的引擎之一。我们总是在抱怨每天工作十几个小时真的想死，可就是这样每天工作十几个小时的习惯让我们在过去三四十年创造了人类奇迹。如果说发展是成功学的得，那焦虑就是成功学的失。

从社会意义、从宏观面上来看，成功学的功劳其实还蛮大的，或者不叫成功学，而应该指向背后那一整套奋斗体系，那一套逼着大家不断地勤勉地运转的体系，我觉得功莫大焉。

但对个体来讲，如何避免这一套大体系对每个个体的精神侵害，是我们要研习的课题。我们每个个体如何在这套大体系中寻得安宁，怎么在过快的节奏中寻求节奏的变化，需要我们去寻找答案。注意，我没有说慢下来，慢下来现在仿佛成为一种新的政治正确，从前车马都慢，一生只够爱一个人，然后找一个地方，过着与世隔绝的生活。我有朋友在国外，风景很好,空气很好,好山好水好无聊,每天根本不知道要干吗?你天天看跟 Windows 桌面一般的风景,一周看 7 天,也不知道生活要怎么过。所以不是让大家慢下来,而是要有节奏的变化。

说到这个慢下来,其实更有趣的一个对比是在南美,这里没有那么好的物质基础,很多人收入不高,甚至还有的居无片瓦,但他们就是很快乐。

我想可能跟热带地区的地理、气候特点有一定的关系:第一,热带地区植物繁茂,不用你做什么,随手一摘都是果子,椰子、芒果、可可,都是能吃的,糖分摄入保持非常充分的水准。第二是海,只要海在,一网撒下去,出来的全是海鲜,味道好,营养价值还高。所以经常出个海,唱唱歌跳跳舞,就过得很开心。第三是热带地区白天有大量的时间不利于在户外生活,太阳一晒受不了,只能室内蹲。

新加坡的李光耀先生当年接受记者采访,说新加坡崛起的三大最关键的支柱力量,第一是法治精神的确立,第二是运转效率的提升,第三是空调的发明。

他说新加坡如果没有发明空调,我们怎么发展?上午 10 点一过到下午 3 点没法上班。然后空调发明了,工作时长一下拉起来。

那南美、非洲还有很多地方空调没有普及,所以没法把工作时间拉长,地理位置决定了大家没有那种极强的比较心,没有一定要赢过谁的心态。所以他们的日子过得很潇洒,成功学的那套东西，在这里就没有市场，怕是卖不了几本书。

那么，贩卖成功学，是不是在贩卖焦虑呢？

首先我觉得贩卖焦虑这种说法是有问题的。不会有人卖焦虑，因为你不会买。

谁会花钱把焦虑买回来？不会，贩卖的一定是对抗焦虑的解决方案，或者是让你没那么焦虑的某一套体系。

站在自由商业主义的角度，只要商品合理合法，符合法律法规和公序良俗，那就无可置疑。有需求就有市场，现在年轻人焦不焦虑？焦虑。大家想不想焦虑？不想。那么有这个需求，就会有人提供解决的方案。在商业逻辑上，这当然是合理的，我觉得是没有任何问题的。

真正需要质疑的是，你提供的这个解决方案到底有没有效果。人家花钱买了这一套对抗焦虑的解决方案，到底解决了他的焦虑没有。

答案只在消费者手中，我本来有焦虑，你的解决方案增加了我面对未来、应对挑战的能力，那么就是有效的。

那如果消费者说，压根没用，下次不买了。大家用脚投票，这套东西就会越来越卖不出去，时间就会慢慢把它淘汰。

除了成功学，人文精神有没有可能让大家缓解焦虑？

人文精神，我的理解就是对人的关怀，是对人的尊严、价值的关切与反思。它的核心在于意义赋予。

对文学创作的规律、社会发展的规律的探索，滋生出了文学和社会科学这样不同的学科派别。如果用学科的概念来定义，人文可以叫作人学或者人科，但这显然太冰冷，人文是更有温度感的词。

我们常常会有这样的感叹，当下的人文精神、人文教育是缺失的，这种缺失突出表现为把人当工具，认为人的存在本身是追逐别的利益的工具。一个资本家，一个老板，假设他不把人当目的，而是把人当工具，那对他来说，员工的意义就是为他创造价值，创造完了价值就可以无情抛弃。**一切人文素养的缺失都回落到这里，你有没有把人当人看，有没有把人当人去尊重，有没有把人本身当作目的去对待。**甚至对自己，我们也要养成追问的习惯——我们有没有把自己当人看？我们又在被世界怎样对待？

问一问自己这个问题，并且尝试去寻找答案，在某种程度上，是能够缓解焦虑的。因为所有的焦虑最终是意义的焦虑，到底要为生活中的什么赋予意义？答案在人文思考里。

成功的文明长什么样？

我们还有一个维度来探讨成功学，那就是宏观成功学。比如我们拿城市作为范本来观察。中国之前的城市发展规划是有范本的，21世纪初刚刚加入世贸组织的时候，关于城市的发展曾经有很多口号，深圳说我们要做第二个香港，上海说我们要做第二个新加坡。但是到今天没有这个提法了，我们不会说深圳要做第二个谁，深圳的GDP前几年就已经超过香港，上海也没有再说我要做第二个谁。

因为我们快速完成了赶超。第二名总是埋头赶路，因为第一名就在前面，你不用想要去哪里的问题。赶超这个阶段，方向是明确的，怎么做是笃定的。工业化、城市化、现代化，基本的财富积累，不断的技术革新，迭代的产业升级，这都是清晰的目标。

赶超完成之后呢？我们该去向哪里？

到今天这个阶段，当下的中国尤其是城市发展，回答这个问题迫在眉睫。当没有一个鲜明的确定的指标在前面让我们去追赶，我们就要开始琢磨怎么变成一个领路者了。追赶者和领路者的心态是有质的差别的。当然，我们现在的GDP才世界第二，还有第一在前面。但其实我们现在有一个共识，第一实际上有很多东西不值得我们去追赶和靠近，我们终于进入一个需要自己去创造范本、去提供答案的时代。

上海世博会的主题是"城市，让生活更美好"，这是一个特别富有人文主义色彩的答案。什么叫美好生活？我曾经在巴黎看到有那么多不同肤色、着装的人，他们的脸上有彩虹，眼神里有光。有的戴着耳机，在城市公园里跑步；喜欢文艺喜欢哲学的，可以在塞纳河左岸的咖啡厅里找到寄托；喜欢奢侈品的，可以在香榭丽大道上满载而归；甚至流浪汉就在随便哪儿扎一个棚子，吹风看星星。

你看，不同的人在这座城市里都能自得其乐，哪怕是流浪汉。我们看到了这个城市的包容、开放和自由。

比如北欧是城市发展的一个方向，硅谷是另一个方向。北欧效率不高，下班很早，但是生活幸福指数很高；硅谷灯火通明，全是加班的，IT企业效率极高，引领时代的发展。

那我们现在可能需要去思考我们的城市未来的发展，能够给人民提供什么样的美好生活。

我觉得2020年中国真正伟大的一件事，就是在社会范围内消除了贫困。我们可能还没有意识到这件事情的伟大，因为它为我们未来20年的走向创造了条件，未来的深圳可以非常自豪地说，我选北欧，我选硅谷，或者我都不选，我就是做深圳。我们拥有这个选择的余地和能力，在2020年消除贫困是一个非常重要的前置条件。

城市如此，那文明呢？什么样的文明称得上是成功的文明？

首先我们必须弄清楚文明的形态如何界定。关于文明的形态或者文明的生态，比较常见的划分可能有农耕、海洋和草原文明。农耕文明俗称大陆文明，海洋文明俗称商业文明，草原文明也叫游牧文明，这其实代表了人类创造最初的文明样态几条不同的来路。

我们智人从采集时代之后，开始种植水稻和小麦，我们期待收成，用来消除对未来口粮的不确定性。

于是农耕文明就拔地而起了，农耕文明的特点是要有据点，安土重迁，同时它需要合作，因为一个人搞不定，需要集体的力量。最值得信赖的集体，毫无疑问来自血缘关系，于是宗系血亲、乡土情结被深深植入了农耕文明的血液。

费孝通先生总结了中国几千年形成的一种文明形态，一方地两头牛，一个家，男耕女织。这个模型甚至直接投射到我们对天庭的想象，比如银河一端有牵牛星，另一端有织女星，不就是一个最典型的中国家庭的天空映射吗？男人牵着牛，女人织着布。这套最朴素的文明形态，消除了不安全感，春种就可以秋收，按二十四节气来耕作就能有一个稳定的生命节奏。这种节奏的优点是稳定，不足是固化，很难带来巨大的改变，日子好像是在复制粘贴，这是大陆农耕文明的特点，最典型的其实就是中国文明了。

而海洋文明不一样，它有很多的岛屿、半岛，没有广袤的集中的可供耕种的土地。

海洋在大陆文明面前是屏障，但是对于海洋文明来说是桥梁。

我们大陆文明的人看到海可能不想知道海的那边有什么，因为陆地足够广袤，我们都还没弄明白陆地的那边是什么，对海那边就没有那么大的好奇心了。

但是海洋文明的人不一样，他们想知道海的那边是什么，所以他们不断开拓，不断遭遇陌生，不断地发现、遇见。

正如前面提到的，陌生人和陌生人之间如何建立信任，方便我们彼此做生意？基于契约，在契约的基础上生长出了法律。而且这种信任必须有一个共同的背景，我们信仰同一个神，彼此才能相信我们签的契约是靠谱的。

有宗教背景，有开拓的精神，还有对契约的推崇。

海洋文明伴随着文艺复兴和法国大革命，颁布了《人权宣言》，一步一步形成了人本主义和人文主义，神性在消解，人性在树立。我们要尊重人的主体性，要捍卫人的自由，要推崇人的平等，并且辐射开来，形成现在大家普遍认可的写进联合国宪章的价值观。

从这个意义上来讲，过去两三百年的时间里，海洋文明、商业文明，我们可以称之为成功的文明。它输出了价值观，并且影响了全世界。

当然也正是因为背后这一逻辑脉络的展延，海洋文明也天然具备一种"自我中心主义"的内嵌式特征。毕竟，世界上不是只有这样一种文明形态。那与其他文明模式相遇时该当如何呢？对方文明不是信仰同一个神？那么传教，甚至战争。十字军东征，异教徒与圣骑士，中世纪时期与伊斯兰文明的拉锯与血战都是以神的名义。如果对方文明的基石不是以契约为基底、以市场化为基础特征呢？一方面是对廉价原材料大肆地殖民掠夺；而另一方面，是以武力为基础、在异质文明中将市场化环境强行建立。与中华文明相遇时，从中国近代史上的坚船利炮腥风血雨，到如今的贸易战、金融战，"西方中心主义"肌理里的傲慢暴露无遗。正如萨义德在《东方主义》中所提到，"东方"在"西方"的眼中从不是一个平等的文明主体，文明在这两者之间是不具备主体间性的，"东方"只是一片尚未被纳入文明之中来的亟待开垦和拓荒的蒙昧之地。如何处理这种基因里的傲慢，是摆在西方面前的一道迫在眉睫又必须解答的难题。

另一个衡量文明是否成功的维度就是生生不息。也就是说这个文明本身内蕴的生命力是不是足够顽强。《阿凡达》里人类文明更先进更强势，它要进入小众的文明当中，去改良去优化对方，可潘多拉星球的原住民奋起反抗，喊的口号就是：生生不息。我虽然小，但是我不能被欺侮，不可被践踏，这种来自文明肌体内的强大的精神力量让我们看到了先进的文明、科技的力量并不是万能的，并不是所向披靡的。

从这个角度，中华文明亦可被称为成功的文明，因为这是四大古文明中唯一一个没有中断过的文明，一直在这片土地上生生不息地繁衍。生命力的强盛这一概念的能指与所指远远比我们看到的和想到的还要丰富。

当然，每一种文明都存在内在的冲突。

商业文明中，随着资本不断的积累，资本攫取最大剩余价值的贪婪，人必然会被异化，被当作工具来使用，最后导致人的主体性意义被消解。怎么办？解决方案之一是全世界无产者联合起来，反抗斗争、推翻压迫，获得自己的胜利。

再比如，效率和公平的冲突。重视效率，那么资源越来越向顶层集中，马太效应，富者恒富、穷者恒穷；二八定律，20%的人掌握整个社会80%的财富，甚至2%的人掌握98%的财富。公平消失了。

重视公平，人和人之间没有差别，那为什么还要去奋斗去拼搏？经济停滞不前，社会停止发展。效率消失了。

文明内在的冲突激烈到一定的程度，社会就开始撕裂，甚至开始对立、极化。 比如美国现在有两党的对立，有肤色的对立，有贫富的对立，有女权男权的对立，有枪支是否应该合法化的对立，有是否支持堕胎的对立，有科学与反智的对立，等等。这些已经内化在文明形态之中的矛盾不解决，离成功的文明就有很遥远的距离。

西方的商业文明有它的优势，也有它内在的冲突。中国的农耕文明也是一样，我们延续几千年，有着极强的生命力，但同时，我们也要意识到我们的文明也内嵌有许多的矛盾和冲突。

只有当我们足够了解对方、了解自己，把过去几百年甚至几千年的演变看清楚，才能更透彻地理解当下，我们提倡的文化自信才不是盲目的。我们既不妄自尊大——美国都成这样了，得我们来；也不妄自菲薄——必须按美国的来，我们的不行。两者都很可怕。

而且，也没有人规定文明只能这样划分，农耕的、海洋的。还有没有别的划分标准？有没有新的方案来解决新的问题？谁来给当下的文明发展一个新的坐标谱系？大声说着历史终结论的学者都在不断推翻着自己曾经的判断，除非人类文明消亡与覆灭，历史永不会终结。难题已经重重压在我们这一代人身上。下一站何去何从？**西方曾经的意义附着在"神"上，东方曾经的意义附着在"家国"上，现代性的意义附着在"人本"上，后现代狂欢（或迷失）在解构、诠释的话语迷宫里，** 下一个二十年、五十年，甚至一百年，我们要把意义附着在何处？这需要学贯中西数千年的大智慧、怀揣全人类命运的大格局、从天而降的天赋与灵感之火、与世界各文明的碰撞检验与共识沉淀，最后交由时间之神给出答案。

期待这个答案。

更期待这次的这个答案，由中华民族执笔写就。

㊗㊗

钱

金钱背后的本质,就是一种信任关系。

钱是不是万恶之源？

2001 年，武汉大学参加新加坡新传媒集团和中央电视台联合主办的国际大专辩论赛，总决赛。

辩题是"钱是不是万恶之源"。当时武汉大学非常遗憾，在这场比赛当中以一票之差败北，获得了亚军。

武汉大学的持方是"金钱是万恶之源"，对方在辩论的过程中列举了大量看起来跟钱无关的恶，比如走在路上看到一只猫，有些人就是想去拿高跟鞋踹或者拿东西打它。这跟钱有什么关系呢？从逻辑上来说就是："一"并不是"全部"。金钱当然会带来恶，但金钱是不是万恶之源呢？

很多年后，在马来西亚举办的国际华语辩论公开赛中，我的队伍也遭遇了这个题目。我们这一次，还是选择了正方，金钱是万恶之源。我们想要看一下，选这一方到底有没有活路。

我们做了艰苦卓绝的努力，最后赢了。

我们的核心立论就是：钱作为一个鲜明的量化指标，让人终于开始物化身边的一切了，而物化这种观念就是恶的起源。

在钱出现之前，我们看草是草，看树是树，看山是山，看海是海，钱出现之后，一切东西上面自动地打出了价码，一切开始有了标价，一切可以拿来比较，一切都被拉到了同一个量化的衡量标准当中。

而这种对一切的量化，导致我们开始物化、开始工具化身边的一切存在，这就是所有恶的最初的原点。

这也是为什么，钱是万恶之源。

比如女性。我们以前看到就是一个人，一个女人，这是一个独异性生命。有了钱之后，我们想到的可能是赡养的费用、彩礼的价格、背叛的代价。只要她头顶出现那些跳动着的不断闪回的数字，那么从这一刻开始，面对女性的恶已经滋生了。她的独异性开始消解，物化开始发生。而且这个物化的眼镜一旦戴上，它是不可逆的。

钱一旦出现，就会快速地弥散开来，并击穿所有文明的隔阂。

就像黄金成为一般等价物，《马可波罗行纪》里说到了东方，满地都是黄金，没有人捡，这是不可能出现的。这些金子一定会被运到欧洲，达成某种新的平衡。这就是商业无所不在的魔力。

而这一切的一切就是源于第一个人，他捡起了一枚贝壳，从沿海走到了内陆，拿它交换鸡或猪，最初的等价物开始出现了。然后生产力富足到一定程度，开始出现对物品的量化，进而开始出现物化，开始出现工具化。

如果脱离这个辩题的语境，回到钱本身，可以说钱既在某种意义上是万恶之源，也在某种意义上是很多的善之源。

但归根到底，我认为钱的出现内蕴某种必然。它必然，那它带来的这些恶这些善也是必然。

钱的出现之所以是必然，是因为它源于生产力的发展。当我们完成了日常所需的这些基本物质欲望的满足，就必然面对把对未来欲望满足的可能性也储存起来的需求，那就需要一个量化的凭证，钱就诞生了。

从这个意义上，**钱就是一切物质欲望的量化凝结。**

它归根到底是能够满足我们所有的物质欲望，但没法直接满足我们的精神欲望，钱不能带来爱。**钱买来的爱，不是爱你，只是爱钱。** 钱也没办法带来亲情，带来友情。所有精神层面的这些高级别的享受离钱比较远。

钱还能够跨越时空，之前的物质欲望是即时的、当下的，我想吃什么，就在此地、此刻，吃完了，欲望就满足了。可现在有了钱，我就能把它存下来，这样明天我还想吃，还想复制这一套欲望满足过程的时候，我还可以拿它去换，再获得满足。

所以钱能够满足我们一切的物质欲望，当下的，未来的，它都可以。

从贝壳开始，然后到金银，到纸币，再到今天的电子货币，从经济的角度来看，钱就是信用，它的本质是信任，它是对你拿着这个"钱"去交换满足某种当下或未来的物质欲望的能力的信任。

哪怕这个东西是一颗最普通的石头,如果这个地方所有的人都"信",信它能换来一个额定的确定的东西,它就不是石头,而是钱了。人民币是纸,为什么可以换来那么多物质欲望的满足,因为大家都信,你信我信他信,有国家的公权力与之背书。

甚至不用所有人都信,只要有一些人信,这个"钱"就可以流通。

比如在一个小学班级里,班长撕了一张纸,在上面写下"一元",大家一起举手表决,一半以上的人都同意以后凭这张纸在班上就能随时换到一块钱或者一包价值一元的零食,那么这张纸就已经可以在班内流通了。

还有"80后"有记忆的 Q 币。我记得上大学的时候交班费,到毕业时班费没花完,班长说每个人要退 20 元,但当时很多人已经去往天南海北了,又还没有微信、支付宝,班长就说要不每人退 20 个 Q 币吧,大家都说行,没问题。

这件事让我意识到,只要我们班的同学都认可,Q 币在班内实际上已经等于钱了。

但 Q 币的本质还是一家商业公司发行的虚拟货币,肯定不能用于任何实物交换,只能在 QQ 商城买 QQ 衣服,它需要与现实世界有一个隔离防火墙。如果它能与现实世界里的货币无缝衔接地自由兑换,而大家又都认可的话,问题就大了,不要忘了，Q币是由商业公司发行，理论上说这可是有人能随意修改数值的，一旦能跟货币自由兑换了，那商业公司不成了这世界的王？

今天支付宝或者微信钱包里的钱也是些变动的电子数字，但它们跟Q币不同，必须是跟实体货币相对应的，我们手机电子账户里的每一块钱一定能够在银行中取出对应的一块纸币，它只是一串数字来记录你现在的财务状况。但央行发行的电子人民币就不需要这种对应关系了，它就是纯粹的电子货币，有央行来为之背书。还有过去几年大起大落的比特币，这又是另外一种全新的互联网造物。它的价值到底有多大？它到底能凝聚多少信任？貌似公平的初始设定背后是不是也暗藏着算力、资本、赢家通吃韭菜被割的陷阱？在分布式记账区块链的技术作用下，它在货币领域会激发出什么样的表现？这可能还要交给时间来回答。

自从纸币在我们的生活中使用得越来越少，我们也常常听到这样的感叹：花钱似乎越来越不心疼了，钱好像变成了数字。

其实纸币刚刚出现的时候也有过同样的担忧，买东西不再需要丢一个元宝，付一串铜钱，就用几张纸买东西，轻飘飘地就花完了。但是大家习惯了纸币，就知道它多方便。就像我们现在习惯了使用电子支付的手段，大多数人都已经不带钱包了。

但不管金钱的形态如何变化，我们能看到**金钱背后的本质，就是一种信任关系**，一旦这种信任关系成立，交换才能自然而然地发生，量化也就不可避免地发生了。

有多少钱就幸福了？

之前有过一个标准被大家讨论，如果家庭年收入在 60 万人民币，那么就可以称为中产。收入到了这条线，就能活得比较幸福了。

我溯源了一下，这个 60 万的数字最初是源自美国，如果美国人的家庭年收入达到 60 万美元，被称为典型中产，而且这个数字是幸福指数随收入变化的拐点。在这个点之前，钱越多你就越开心，到这就到顶了，而这个点一过，钱越多，幸福指数反而开始下跌。因为这往往意味着你的资产性收入开始增多，意味着你可能有企业、有公司要运营，有团队要养活。再往后钱看起来挣得是多了，可操心的事也多了，波动性不确定性也增大了，受到外部金融环境、政策环境等不可抗力的影响也会变大，所以反而钱越多越不一定开心。

那在中国，这个幸福的拐点是多少，到目前为止我还没有看到一个公认的数据。中国不同地区之间的差异太大了，劳动性收入和资产性收入的分布也大相径庭。到底有多少钱能让你感觉很幸福，确实只有每个人心里有数了。

当然之前网上也有几个比较有趣的说法，其中有一种说法是，衡量中国人财富自由的程度有 5 条线，最低的叫超市自由，就是在超市买东西不用看价格，想买什么就往篮子里放什么。往上一级是数码自由，买笔记本电脑、手机等数码产品不用看价，咔咔直接买。再往上是车辆自由，买任何一辆车不用看价咔咔买。再往上叫住房自由，你想买任何一套房不看价，直接买。到这儿我觉得就已经很虎（厉害）了，但还有最上一级叫公司自由，你看上任何一家公司随便收购。

当然在经济学上，财务自由这个概念本身是有清晰界定的，就是你啥也不干的情况之下，收入大于支出，这就是财务自由。

但这对于我们普通人来讲毫无疑问是非常难的，因为我们大多数人并没有到资本收入的这个维度上，同时这种算法本身也忽略了资本性收入本身内嵌的巨大的波动性。很多资产的增值贬值也是跟随着整体经济形势的变化有波峰波谷的，房产股票也好，各类金融资产也好，波动性都非常大。尤其是这两年，巨大的外部不确定性因素影响之下，财务自由到老赖名单很多时候真的只有一线之隔。

从这个意义上讲，这个时代能够大胆而坚定地说自己能财务自由，实在是太让人羡慕了。

有钱不一定自由，没钱是不是一定焦虑呢？
说两个我朋友的事情。
一个朋友的母亲得了乳腺癌，医生说有两种治疗手段，一种是靶向治疗,属于最前沿的基因疗法,效果更好,但是贵,做一次20万元,需要做3次,一共60万元,而且这个钱医保不能报销;另一种就是常规的化疗,效果比不上靶向治疗,而且副作用会大一些,但是这个化疗可以走医保。

朋友说那一刻他深切地感觉到有钱真好,如果能眉头都不皱地掏出这60万元,就能挽回母亲的健康。

另一个朋友,在北京一个大媒体工作,说起来特别光鲜,可是他结婚生了个孩子,连同老人和阿姨,一共六口人挤在50多平方米的房子里。

医疗、住房再加上教育,这三座大山是中国人经济焦虑的最主要来源。

在这个问题上,我要感谢我的妻子,因为我们在金钱观上是相对一致的。比如她没有非常执着地要把我们100多平方米的房子换成200多平方米的大平层。

两夫妻有相似的金钱观,我觉得也能缓解关于钱的焦虑。

爱,可能有很多的原因,外形、内在、才华等等;但说到婚姻,它的根真是扎在金钱观里的。

金钱观和教育观,我一直觉得这是幸福婚姻的两条腿,这两件事情有了分歧,那之后一定会有无数的碰撞。 而且这种碰撞是一种消耗性的,它会把之前的爱一点点磨灭,这是非常残忍的一件事情。

一旦这两条腿健康地匹配上了,婚姻大概率不会太差。

对钱的态度,对孩子教育的态度,其实折射的是你的人生观,你当下想过什么样的生活,对未来的生活有什么样的构想。因为孩子就是未来,你希望他成为什么样的人,其实就是你认为什么样的人生是值得过的、值得追求的。

当你们人生观的基石是一致的,那么大大方方牵手走进婚姻。如果不一致,那么先拿出4个小时,把这两个问题摆出来,谈一谈,聊一聊。

钱除了会带来焦虑,还会带来痛苦。

很多人说痛苦源于欲望,而钱又是欲望的表征,所以钱就跟痛苦高度关联。

但在我的理解中,钱引发的这种痛苦除了欲望的不满足,更多是源自比较。而最痛苦的是,这种比较是没有尽头的。

哪怕是富可敌国的企业家,他也会痛苦。因为他老往上看,他的企业市值100亿元了,想冲1000亿元,1000亿元了又想冲1000亿美金。当然宏观来看,也得承认这种痛苦是很重要的,这种源于比较而催生出来的不断向上的劲头,是经济发展的引擎和动力。但有价值的痛苦,也还是痛苦。

我们普通人的比较也是无处不在的。上次接孩子的时候,学校门口停了一溜的车,那一刻我突然意识到,这也是有社会眼光在评价、在比较的。大家会看你开什么车,值多少钱。哪怕只是小孩子,可能也会彼此问一问、聊一聊。

我们在很多影视作品里也看到了因比较而引发的故事。比如冯小刚的《私人定制》,帮助普通人来完成奢侈的梦想;

比如沈腾演过一部《西虹市首富》，天降一大笔横财，10个亿一天花完。这些作品其实都是在表达一个人在他不匹配的财富面前所产生的落差，如同网上流传的那句话——"每一分凭运气获得的钱，都会凭本事亏掉的"。这种荒谬会自然引发巨大的喜剧冲突。

但落脚到个人身上，这种痛苦在日常生活、在你的心理状态当中的比重是需要好好衡量一下的。**这个世界上，他人眼光的重要性占比，我觉得30%是一条红线，不要越过这条线，不然这种痛苦的压力就有可能干扰你的日常生活。**

如果想从这种表层的比较中抽身而出，那么一定要有一个财富之外的价值支点，你扎根的那个位置跟钱是没有关系的，它能带给你持续的信心和定力，让你抛掉这些表层的比较所带来的焦虑和痛苦。但是很多人没有底下那个支点，只有上面这一层外衣穿着，那当然就喜欢在这种比较当中去寻求价值感、征服感、超越感。但是这种比较本身就是不稳定的，因为你随时都可以遇到新的比较对象，随时可能由胜转败，当然容易痛苦了。

为什么我挣不到 100 亿？

这个问题如果大家摸着自己的心，坦诚地回答，马上就能反映出你的价值排序。

正如前面所说，钱不是目的，钱永远只是工具，花才是目的，你把它用在哪里，这个才是真正的价值，钱只是去往那个价值的通路。但在今天这个时代，很多时候我们的眼睛蒙上了，下意识觉得钱本身就是目的。

这个问题背后，其实常常隐藏着这样一种情绪：认为社会没有优待自己，很多正向的规则没有作用在自己身上。明明自己勤奋、聪明、好学，但是社会给出的回馈并没有达到自己应有的价值线，反倒是身边有一些人投机取巧，利用各种潜规则挣了很多钱。

我非常理解，朴素的伦理跟商业的各种规则在冲撞中产生了巨大的落差。

奥地利学派的代表人物哈耶克认为在理性人前提的预设下，一切经济活动都要在自由竞争的市场机制下进行，只有这样才能使经济最优化以及资源有效配置。如果你只是利用了信息不对称或人际关系，那么即便在短时间内积累了大量的财富，都是暂时性的，将来会数十倍地失去，"一切命运的赐予，都暗中标好了价格"。最后还是会发现，那些最踏实的、最本分的、最勤勉的，真正创造真实价值的人，才能在这样的自由市场经济体中收获对等的财富，从而回到某种本质意义上的公平。

与之相对，宏观经济的代表人物凯恩斯则认为纯粹的自由市场会带来无法弥补的弊端，必须有看得见的手加以调控。

这个有形的手就是政府对经济的干预，包括经济政策的制定、产业结构的引导等。他的理论，将二战之后整个西方经济引入一个全新的发展时代。

一直到20世纪80年代，里根总统和撒切尔夫人，带来新自由主义经济学的回归，他们认为政府不应管得太多太宽，政府应该做好守夜人，还是应该回归小政府。这样，在经济领域，虽然有着行为经济学、结构经济学、新制度经济学、新古典经济学等百花齐放的学术思潮，但在实践意义上，新自由主义经济学和全球化再次成为主流，直到21世纪10年代中后期，有近40年的时间。这40年的变化也是有目共睹的：一方面，新自由主义经济学对效率的刺激是毋庸置疑的，所以经济发展速率在全球范围内以惊人的速度狂奔；另一方面，贫富极速分化，差距越来越悬殊，马太效应看不到打破的希望——大家自由地玩耍，结果是显而易见的，有钱人只会越来越有钱，没钱人只会更没钱。美国特朗普赢得大选、英国脱欧，各地民粹思潮此起彼伏，无不彰显着公平呼唤效率让位的内在张力。

其实，还可以问一个问题，凭什么他能挣到100亿？

我接触到的大企业家，都有这样的几个共性。

一是德行。真正把企业做到了行业顶级且能持续很久的，他的德行不能缺位，他行事有明确的边界感，并且有一套非常完整且贯彻始终的价值体系。这套价值体系他会在一开始就跟生意伙伴、跟他的员工分享,所以这份完整和自洽保证了信任,也保证了可持续性。

二是尊重,对专业的尊重。他自己是不是专业的,是不是专家并不重要,但是专业带来价值这件事情,他是高度认可的。所以在他身边的每一条战线上,他都有能力把在这个专业领域最顶尖的人才汇聚起来。这个能力首先需要他有判断力,看得出谁是顶级、有多厉害,并且他有态度有行动,能够让这些顶尖人才心甘情愿聚在身边,为他所用。

三是眼界和格局。他永远不是只考虑今天和明天,而是需要往后看到10年以上的发展趋势。他的理想国可能在2050年,然后再来倒推,如果2050年要达到这个目标,2040年要做什么,2030年要做什么,当下要做什么。

具备这三点,时代的机遇一旦加持,好风凭借力,自能上青云。

所以我在学生们的毕业典礼上给他们的寄语,概括起来是三句话:**请在未来,坚持做一个专业主义者,做一个长期主义者,做一个理想主义者。无论多难,请坚持下去!**

回到问题的原点,钱是万恶之源吗?

我们经过了钱和幸福、钱和自由、钱和焦虑、钱和痛苦的讨论,最后来回答这个问题,可能有不一样的结论。

钱不是人发明的、人定义的吗?贝壳放在地上、金子放在地上,本来只是一种物质、一块矿石,人把它举起来,说从今天开始它就是一般等价物了,然后开始出现了对一切的量化、物化,因而带来了后面种类繁多的恶,那这些恶难道不是人生出来的吗?甚至"恶"本身的定义原点,不都是来自人的价值判断吗?

这就是人类推卸责任的时刻,我们老说红颜祸水、金钱误国,归根到底是你没抵抗住自己那颗心的动摇,你的心在红颜面前开始流淌祸水了,你的心在金钱面前开始滋生出种类繁多的贪欲,然后你却把责任推到红颜和金钱身上。

所以不要往外部找借口,还是得叩问自己的内心。

小和尚问老和尚:到底是旗子在动还是风在动?老和尚说:是你的心在动。

有聊

撸猫

猫爱不确定。

撸猫不正经简史

自古以来,中国人对猫就宠爱有加。我国自古以农业立国,人们以五谷为食,而猫因为擅于捕鼠,护粮有功,加之漂亮可爱的外貌和温顺的性格,自古为国人所爱。古人云"猫有五福",其与"五福临门"中之五福同义,代表了长寿、富贵、安康、好德和善终。民间还流传着"猫入福地"等说法,认为流浪猫入宅是五福临门、大吉大利的事。俗话说"狗来富,猫来贵",猫的谐音同"耄",寓意长寿。古代文人爱以"牡丹猫蝶"为主题作画,这是我国传统的长寿富贵图,"猫蝶"代表"耄耋",是对长寿的祈盼;"牡丹"则象征着富贵,是对富贵安康的追求。

早在唐宋之际,猫文化已于华夏大地盛行。彼时,猫也从"捕鼠于田间以饱自腹"的工具猫,一跃成为"睡美人于怀中,鱼肉食之"的宠物猫,以供达官显贵消遣赏玩。

尤其是到了宋朝,上至王公贵族,下至平民百姓,都爱养猫。据说当年秦桧的孙女丢了一只狮子猫,当地知府下令全城搜寻,闹得满城风雨,结果一共找到了几百只狮子猫。当时养宠物猫多么盛行,可见一斑。

在此之前,撸猫可能集中在以文人雅士为代表的精英阶层，为何到了宋代，撸猫就"奔入寻常百姓家"了呢？

宋代其实是一个令人神往的朝代。

假如问我，选一个可以穿越回古代的朝代，我的答案一定是宋。

当然很多人的答案可能是唐。唐朝，充满了高高在上的大国风范，虽有"朱门酒肉臭，路有冻死骨"的巨大贫富差距，但它总能给人一种奇妙的集体荣耀感。只要身为唐朝的一分子，哪怕只是其中最普通的组成部分，你仿佛就能被整个王朝的荣光加冕。这也是东方历史上极常见的一种心理投射。

如果说唐朝把民族国家的强盛推到极致，宋朝则把人民的福祉以及普通老百姓生活中的小情调推至高潮。唐朝和宋朝是民族文化非常典型的两个极端。

宋朝经济发达，城市繁荣，物质条件得到提升之后，人们开始追求精神享受。这从张择端的《清明上河图》和孟元老的《东京梦华录》中就能感受得到。宋朝人的生活可谓五光十色，比如生鱼片，早在宋朝就被当时的厨娘们所熟知。史书记载，宋朝厨娘刀下的生鱼片，薄如纸，透如玉。事实上，中国早于先秦时代就已有吃鱼脍（生鱼片）的记载。后来这种吃鱼方法于宋朝时传至日本，才改名叫刺身（鱼生）。除此之外，猫入寻常百姓家也算是宋朝市井生活繁荣的另一个标志。

从这个意义上，**美好的东西是只被少数人享有还是能够被大多数人触碰，是窥探一个时代的一个视角，也是了解一种文化的一扇窗口。**

到了明朝，诞生了两个最有名的皇帝猫奴，嘉靖帝和万历帝。有趣的是，虽然不能说养猫治国，但在整个明朝历史上确实是这两位皇帝的在位时间最长，万历皇帝在位48年，嘉靖皇帝在位45年。

嘉靖皇帝（明世宗）朱厚熜是个不爱鹰犬猛禽，独爱温柔猫咪的忠实猫奴。中国有古语，"猫有九条命"，有长寿之象征寓意，这一点正迎合了嘉靖皇帝对长生不老的执着追求，因此其对猫甚是喜欢。

史书记载，嘉靖皇帝名为狮猫的爱猫去世后，他不仅为其举行隆重的葬礼，用黄金给爱猫打造豪华棺材，并命人将其葬于万寿山，还请当朝大臣为其撰写祭文。据说，正当众臣窘然无措、不知如何下笔之时，侍读学士袁炜挥笔成章，祭文中"化狮为龙"的颂词甚合圣意，深得帝之欢心，嘉靖皇帝龙颜大悦，从此之后，袁炜可谓官运亨通，以火箭般的速度被提升为少宰，时称"青词宰相"。

"化狮为龙"四个字到底妙在哪里？

其实，这四个字跟道教礼仪是相呼应的。中国古人尤其是皇帝的生死观，跟我们现在的想法是不太一样的。虽然中国古代有死后进阎罗殿的说法，但事实上佛教的这套六道轮回生死体系，还不是真正的中国本土生死观。中国本土的生死观来自道教体系，道教的生死观虽然有天、地、人的区别，但是其认为，人死之后并不是直接上天或下地，而是去往仙界。仙界并不是在天上，而是存在于地界的仙境中，如蓬莱、方丈、瀛洲等地方，所谓人间仙境，说的就是这个意思。

道教认为万物有灵，崇尚修仙炼丹。人们通过生前在地界修仙，渴望死后去往仙界。问题是死后如何才能去往仙界？

道教认为，人死后，从人间通往仙界至关重要的是载体（媒介）。载体会引导死者的灵魂去往仙界。换句话说，中国人死后不是向上升，而是向前走去往人间仙界。而且他骑在龙的身上，龙就是这个将主人送往仙界的载体（媒介）。

明白了这一点，回头再品味"化狮为龙"四个字，我们就不难理解为什么嘉靖皇帝看到这四个字之后会龙颜大悦。龙和狮本来就是中国传统文化中至关重要的两个图腾。爱猫（狮猫）死后化为龙，猫就会以龙形载着百年之后的嘉靖皇帝去往仙界。想到这点，嘉靖皇帝能不高兴吗？

到了近现代，爱猫的名人雅士就更多了，老舍、丰子恺、徐悲鸿、徐志摩、胡适、杨绛、钱锺书、林徽因、季羡林、冰心等等，都是猫奴。

为什么这么多艺术创作者都爱猫？

猫似乎具有灵性，因此仿佛能给人带来灵感。神秘主义的超体验,那种强不确定性,是猫和艺术创作的一个交汇处。猫生和猫灵之中都蕴含着巨大的不确定性,这点跟艺术创作具有异曲同工之妙。

尤其近现代以来,科学与艺术的分野是非常明确的,科学背后耸立着确定性和规律性,而艺术的薄雾中蕴含的却是可能性和非规律性。一幅画的意境,一旦被确定,画就死了;一件雕塑作品的美,一旦被固化或被单一语言来解读,它的艺术生命也就完结了。艺术作品必须有可能性和延展性,要在不同的时空中有全新的解读空间,并且充满美感,这跟猫很是相近。这可能就是为什么这么多艺术创作者都迷恋猫的原因。

直到今天,全民撸猫已经形成一种热潮,铲屎官们卑微且虔诚地供养着家中的"主人"。猫用了2000多年的时间,终于让自己慢慢从捕鼠工具升格为人间萌宠。

猫爱不确定

不仅国人自古以来对猫宠爱有加,日本人也非常喜欢猫。招财猫是日本传统文化中常见的猫型偶像摆设,被视为一种招财招福的吉祥物,可谓日本人的宠爱之最。招财猫既可爱,又毫无攻击性,它开辟了猫跟犬的中间路线,将犬的憨和猫的灵很好地结合在了一起。招财猫圆圆的外表辅以傻傻的笑，再加上一直作揖的重复动作，给人某种治愈般的愉悦感。

招财猫的历史可以追溯到400多年前的江户时代，当时养猫的风气开始流行，在日本人的意识中，人们认为猫形态可爱，聪明伶俐兼有少许狡猾，富有神秘感且有通灵之力，此外猫还能守护粮食不遭鼠害，所以彼时以猫作为原型的传说、神话也逐渐流传开来。神话中的猫被赋予不可思议的能力，逐渐演化成了守钱和赚钱的化身，招财猫的形象从而被勾勒出来，成为日本民间讨吉祥平安的信物。

如果说对于中国古代文人来说，猫是灵感，是憧憬，是彼岸，是他们要抵达的远方的话，在今天的日本，猫恰恰承担了截然不同的社会作用——猫满足了日本当下文化非常缺失的小归属感。

自20世纪90年代以来，日本经济进入低增长甚至停滞的缓慢发展阶段，30年来其GDP增长速度每年都在1%左右浮动，经济总量基本没有太大变化。日本社会也进入所谓的低欲望时代，宅文化大行其道。与此同时，猫成为日本宅文化的标配。当然，我们不应该以静止的、粗暴的、单一的经济GDP指标来衡量日本社会的整体进化。从社会整体进步的角度来看，这30年，可能恰恰是日本完成从物质财富到精神财富的下沉蜕变的时期，日本人也慢慢地从快速增长的欲望藩篱中一步步挣脱出来了。

与日本宅文化同步盛行的为丧文化。这股风潮也蔓延到中国，尤其是年轻人，"人间不值得"挂在嘴边，"丧""佛""躺平"成为大家口边的高频词。可事实和行为果真如此吗？

这其实是一种期望值管理，只要将自己的期望值调到最低，接下来无论发生什么，都会有一个开心的理由。然而，这对人的幸福指数并没有太大的作用。**丧文化是一套独特的麻醉系统，它是互联网时代的一种阿Q精神。**

有趣的是，很多年轻人嘴里说着丧，身体却非常实诚地践行着"正能量"。我在高校里接触很多的同学，有一拨人每天各种抱怨，丧不离嘴，其实他们才是真正的校园学霸，GPA（平均成绩绩点）排名每次都是年级TOP10。他们所表现出来的丧其实是对身边人的一种传播考验，一种烟幕弹。

我们永远不要相信自己的耳朵，而是要相信自己的眼睛，去看他人用脚投票的行为。从相信耳朵到相信眼睛，这需要自身认知结构的升级，需要更多第一手信息的获取，并对这些信息进行筛选和辨明。

这种丧文化在近些年可以说是滥觞于日本，日本青年从热血，到丧到宅到废，从昭和青年到废柴一代，这背后映射了日本二战后经历快速崛起，在20世纪80年代冲到GDP排名全球第二，而在90年代日本经济迅速步入衰退的社会状况。这种衰落影响了日本国民尤其是年轻人的信心，努力就有回报、坚持就会胜利变得不再有说服力，他们开始觉得即便是努力奋斗也无法扭转这种衰败，改变自己的生活，就只剩下躺平了。

但从另一个角度,日本丧文化、宅文化的滥觞得益于网络时代的发声机制。因为喜欢宅家的日本人经常上网,并利用网络为自己发声,鼓吹自己信奉的宅文化和丧文化,使得人们在网络上听到的声音好像只有这些宅家日本人的丧文化。但这些人毕竟只是群体中的一部分,那些整天忙于打拼的大部分日本人,平时也没啥时间上网,即使上网也不怎么发声,他们的声音很容易被忽略。

互联网对我们搜集信息具有巨大的偏差性和迷惑性。

几年前大火的电视剧《欢乐颂》,无论是微信的朋友圈,还是微博的热搜,甚至是知性的知乎和豆瓣,几乎每个平台都在热议该剧,给人一种"全国人民都看过该剧"的感觉。其实不然。《欢乐颂》剧组曾经做过一项调查,结果显示,有约8亿人根本不知道这部火遍全网的电视剧。因为生活在二、三线以下城市的人跟《欢乐颂》的剧情没有任何共鸣,他们并不了解生活在一线城市的青年人的种种遭际。他们的关注点也不在这儿,他们是真正的折叠中国的大多数。而《欢乐颂》真正的受众主要是生活在一、二线城市的青年群体,而我们却误以为这个群体代表了整个世界。这无疑是一种巨大的撕裂。

从某种意义上说,日本也呈现出一种折叠的状态,丧的声音和二次元的声音在互联网上成为主流,他们以此影响周边,但并不一定意味着日本青年群体整体呈现出这样的面貌。

同样的，很多人评价日本近20年的经济发展是停滞的，我倒觉得这可能是日本转型的20年，因为经过这20年，日本终于意识到"不是所有的一切都能用GDP的指标来衡量"。日本青年也由此抛弃了高消费时代的物质欲望，开始回归理性消费和日常生活。

日本接下来会往哪个方向走，这是一个非常值得关注和研究的话题。日本文化显然脱胎于中华文化，但它在进化过程中又很好地结合了西方文化，这也是它与中华文化不同的地方。中国和日本差不多同时开启"师夷长技以制夷"的西方学习之路，结果却完全不同，中国的戊戌变法和日本的明治维新走向了截然不同的方向。短短几十年内日本国力发生巨大变化，甲午海战之后，中日差距立见高下。

那个时代的日本为什么能够成功？

这主要取决于日本的民族性及其学习的彻底性。日本是一个岛国，国土狭小，四周环海，资源匮乏，所以日本人的危机意识非常强，这种危机意识使得日本人愿意学习、愿意拼搏冒险，自上而下都有着奋发图强的强大动力。日本在唐朝时学习中国，在近代学习西方，从中都可以看出他们愿意和善于学习先进文化的民族性。日本在学习西方的同时，辅以政治改革（明治维新），加之统治集团的大力支持，所以改革能够顺利推进并取得丰硕成果。

除此之外，日本大部分国民对西方文化的接受有一种天然的优势。19世纪上半叶,当第一批西方殖民者登陆日本国土时,在当地留下了一大批混血儿童。这拨孩子长大之后,对西方的科学和理性精神以及整体制度的认同度非常高,因为他们骨子里有一半的西方血统,这也是其文化之根。所以我们看到,明治维新之后,日本人迅速脱去和服,穿上西装,改革政制。这一系列操作几乎毫无阻力。

而且,作为海洋岛国的国民,日本人对故土没有太强的执念,他们更愿意去远方冒险,更愿意走向不确定性,这点也很像猫。即便如今,美国和巴西还有大量的日裔侨民。中国人虽然也向往远方,但我们自古就有故土情结,一旦扎根一地,就很难做出迁徙的决定。

这就类似于猫性和犬性的对比。

我们心中总有一只猫,但在现实中过的还是犬系的生活:我们喜欢自由弹性的职业,向往美食家、旅游顾问、时尚博主的身份,但最后还是选择了在朝九晚五的月薪制企业上班,因为每月如期而至的工资实在让人无法抗拒;我们总是容易爱上猫性的人,最终却跟犬性的人生活在一起;我们心中总有一个远方,但现实中我们还是生活在故土家乡。

狗很容易满足人的人性,但猫才能触碰人的神性。

我们可能用一生的时间离开故土,最后才发现我们永远奔赴在去往远方的路上,但始终无法抵达。

低欲望的猫性社会，值得焦虑吗？

互联网时代，猫正在成为与宅文化、低欲望文化相匹配的宠物标配。有人担忧，我们是否会步日本之后尘，成为下一个低欲望、宅文化、少子化、老龄化的日本。

我认为不会。

虽然中国和日本同属东方文化，两国文化看起来有很多比较相似的表征，但是毕竟中日文化的进化环境差异很大。中华文化起源于华夏大地，得益于农耕文明，骨子里有着比较强的边界感，而日本文化起源于海洋岛屿，得益于海洋文明，血脉中具有与生俱来的扩张性和征服欲。

既然具有征服欲，就必然会面临一个马克斯·韦伯提出的"为什么"的问题，这也是所有扩张性文明面临的困惑。日本人为了满足自己的征服欲向外扩张，但"for what"的问题永远在他们心中。当一个群体具有鲜明的社会共识时，他们就会有极高的效率和极强的组织性，但是，一旦共识消散、方向消失，群体就会集体瘫软，毫无斗志。他们可能会在异次元、动漫世界，或者在禅意的审美当中、在菊与刀的碰撞当中找寻其精神家园，逐渐走上一条体验之上的审美之路，这种审美是去物欲的、断舍离的、极简主义的。日本服装设计大师山本耀司的作品就呈现出这种审美趋势。

西方后现代文明也面临"for what"的困惑。因为神学崩塌了，尼采说上帝已死。在此之前的西方，神学统领一切，如果上帝死了，西方的后现代哲学家都将要回答"我们为什么而活"这个问题。

而作为华夏子孙，我们很少追问"for what"的问题。中华文化崇尚祖先崇拜，主张头顶三尺有神明，我们具有与生俱来的高度共识。我们不太需要回答这个问题，因为我们每个人都觉得这是不证自明的、毋庸置疑的，**我们的去处在来处里，我们的答案在血脉基因里。**

这就是散居世界各地的华人群体具有强大凝聚力的原因所在。2020年伊始的事实生动地证明了这一点。彼时，新冠疫情突然来袭，世界各地的华人团体竭尽所能地寻购口罩和防护服，为武汉捐献防疫物资。这种真正具有极强民族粘连意识的文化凝聚力，在华人和犹太人身上体现得最突出。这也是一个民族根性文化的具体表现。

那也有这样的担忧：在互联网时代，中国青年和日本青年刷着同款短视频（抖音和tiktok），打着同样的游戏，点着差不多的外卖，民族的根性文化会不会被消解？

我认为也不会。

因为他们刷到的视频内容是截然不同的。而这些内容本来就扎根在生产者最接近最认同的民族文化之中。从这个意义上,"根性"不仅能产生新的潮流趋势,还会在体系内不断地自我强化。

比如汉服的回归,曾经我们都认为西服才是洋气的,而如今汉服成为独特的青年文化潮流。当我们刷着抖音,汉服背后的根性文化一直在被年轻一代所了解,这实际上就完成了一次自我的强化。

互联网是足够尊重自由的,但对自由尊重到一定程度后,就无法避免地会让真正扎根最深的东西最快速地自我繁衍和发展。

我们常说,中国的"根性"是中国文化的精髓,包括费孝通先生在《乡土中国》中谈到的宗族血亲等,我们总觉得它遥远了、过时了。值得注意的是,古时候有很多东西,我们该抛弃的都抛弃了,而这条根是历经了2000多年时光筛选后留下的东西,它本身已经经过净化的检验,并且获得了非常独特的生态位。我们不能忽略其生态位背后的获取机制——因为其整体的自我强化、自我复制能力极强。

当然,我还有一点隐隐的担忧,这种自我强化必然会造成窄化,它对其他异质文化不一定会持有同等的尊重和包容。我希望我的下一代在互联网上呈现出的文化心态是:在保留自己鲜明特色的同时能够尊重其他文化,并且可以打开心扉去接受其他文化。

虽然我认为中华文明的主体不会大踏步、整体性地步日本的后尘进入低欲望、少子化的社会，但是我们中的某些城市已经出现这样的趋势，比如北上广深，宅文化带来低欲望、低结婚率、低出生率等，那这种情况值得我们焦虑吗？

不值得。

我认为一切必然都不值得焦虑，你唯一能做的就是应对。

恰恰相反，我非常好奇，经历了这个阶段之后，作为世界文化版图上唯一没有中断过的中华文明，接下来会走进怎样的意义诠释空间。

也许这个答案才是属于人类文明真正具有生命力的、全新的答案。

有聊

聪明

聪明是一趟不可逆的旅程。

你是一个聪明的人吗？

你有没有看着镜子里的自己，或者看着自己的孩子，问这样一个问题：我（他）聪明吗？

我曾经一度觉得自己很聪明。

直到见识过真正的聪明人之后，就摒弃了这种傲慢和偏见。

真正的聪明人在哪？

高校里有很多教授博导在此列。他们思考问题、分析问题的结构、角度、效率，都给我很大的震撼。

可能在大家的认知里，知识分子都比较清高、傲气，骨子里有一种睥睨天下的凌厉。但是就我的观察来看，这是走到中间路径的状态。真正的知识分子或大学者，实际上都有强烈的、把自己放得很低的气质，都是虚怀若谷的。而且他们不是一种道德层面上的放低自己，不是觉得需要这样来彰显自己的道德，而是他们对知识、对聪明的概念理解得越深刻，就越由衷地觉得不能以读过多少书或者纯理式化的形式推演来判断不同生命的高下，他们恰恰知道真正的大聪明、大智慧是在广阔的天地中、在流动的人性中、在精微的时机中的。

知识的本质其实是反傲慢的。

"聪明"这个词很有意思，在中国古代，它指的是眼睛和耳朵，耳聪目明，谓之聪明，这孕育了古老的中国人和中国文化对于人的官能之延伸的期待。我们在《葫芦娃》这部动画片里发现，千里眼和顺风耳在七个葫芦娃里排名是靠前的，然后才是吐水火、隐身等技能。葫芦娃的排名就蕴含了古代中国劳动人民对于自己到底想要什么能力以及排序的一份隐喻，他们最希望的就是自己力大无穷，这对干农活是很有好处的。然后就是聪明了，耳聪目明，千里眼、顺风耳，这都是接受信息的渠道。在古时候，耳朵听得远，眼睛看得远，接收信息的效率就更高。克劳德·香农说，信息的本质，是"不确定性的消除"。这份期待背后，亦深植着劳动人民对确定性的执着。

但是到了近现代，对"聪明"这个概念的理解发生了演变，"聪明"不仅仅是接收信息，更关键的是处理信息，是信息进入脑海之中你该怎么去加工它、提炼它，然后用它来作用于自己的生活。这成为我们这个时代对聪明的理解或者对它进行定义的基石。

在古代，一方面识字的普及率非常低，另一方面书籍印刷这种大规模的信息传播方式也并没有普及，所以获取信息是少部分人的专利，成为用来区隔阶层的重要指标。在这个意义上，耳聪目明往往意味着身居高位、手握权柄。但是到了现代社会，信息已经能够快速传递，从书籍印刷到互联网，信息触手可及。因此，在这个时代，接收信息不再是门槛，处理信息成为一个全新的标的。

科学和艺术里的两种聪明

如果问我什么是聪明，我会下意识地把它分成理性和感性两个领域，或者叫科学和艺术两个领域。事实上，这两个领域衡量聪明与否的标准是不一样的。

我们先来聊一聊科学的领域。科学是寻找确定性的世界，在这个领域中定域、理式、抽象推理至关重要。上初中的时候，我们的政治老师都说过"你们思考问题要沿着是什么、为什么、怎么办来想"，可以说"是什么、为什么、怎么办"这九个字在我们质朴的生命体验中都存在过。但是这每三个字，你回答到什么深度、什么维度，直接决定了日常生活中你是不是个聪明的人。

比如"是什么"这个问题。面对生活中那些触手可及的物品，我们能不能用最准确的表达一语道破它是什么？例如桌子，当我们在问桌子是什么的时候，其实我们是在试图探究生活中最常见的东西最本质的属性。假设我这样给桌子下定义：桌子就是由一个桌面和四条桌腿构成的一个家具。这是我们常见的下定义的方式，用一系列限定的定语去修饰一个更大范围的主语。但是很快就会有人反驳说："一个桌面和四条桌腿吗？我家里有一个三条桌腿的桌子，它不是桌子吗？你这个定义不严谨。"可见四条桌腿并不是桌子的核心指标。

柏拉图和亚里士多德曾经从哲学领域对这一话题有过相关的论述。柏拉图是理式优先，认为所有真实事物都只是印象跟投射。因此，在柏拉图的认知框架下，世界上没有一张真正的桌子，桌子只是一个理想的形式，所有具象的桌子都只是它的投射。而亚里士多德则认为这个桌子具有的特殊性、分有性才构成了它是桌子，现象事物分有了理式的真实性，这张桌子才有了"桌子性"，理式是这一类事物"是其所是"的内在原因。但即便是柏拉图和亚里士多德，他们都没有精准地描述出桌子的定义或者本质。

后来我想到，设计师们设计的桌子千奇百怪，他们到底怎么理解桌子这个概念？结果发现，德国红点设计大奖获得者心目中桌子的定义非常简单，他们认为桌子就是：置物的平面。它只有两个最核心的要素，就是"置物"与"平面"。于前者而言，桌子必须能够放置物品，即如果一个东西上无法置物，我们不能叫它桌子；于后者而言，桌子必须是个平面，假如这个描绘的客体不再是个平面，而是个空间——置物的空间，那它就不再是张桌子，而变成了一个"柜子"。无论它以一种什么样的组合方式，是什么形状的平面，用什么材质构成，延伸多宽或多窄的距离，它只要是个平面，同时能置物，只要具备这两个基本属性，我们几乎都可以称它为一个桌子。

"桌子是置物的平面"，在这个定义里，没有任何一个词让我们觉得很遥远，但是把桌子这样一个日常话语变成"置物"的"平面"——这样两个最核心特征抽离的过程，就是在"是什么"这个问题回答上大聪明的展现。因为它是几十年经验的累积、数万个作品的叠加，大浪淘沙剥离庞杂属性后沉淀下的精华。

所以生活中的设计师们其实是最能回答"是什么"的聪明人，他们从一个物体最本源的、最不可或缺的、最核心的要素入手来进行扩展和创新，表现出了强大的抽象能力。

抽象能力是一项可以提升的能力。而要提升抽象能力，最重要的两个因素就是观察和思考。

美国的联邦调查局（FBI）和中央情报局（CIA）有一套很完备的警员训练方式，也叫作"菜鸟入门手册"。当一个新的警员入职的时候，警官就会跟警员提出要求。假设警官的办公室在13楼，他会说："你待会到我的办公室来报道，但是不能坐电梯，步行上来。"警员上来之后警官就会问他："你是走上来的吗？"他说："是。""好，现在马上回忆一遍从1楼到13楼走楼梯的时候你都看到了什么。"这是第一步，叫"回想训练"。回想训练很重要，把刚才所看到的一切迅速回想起来，警员就会不断去调动神经回忆他走楼梯时看到的所有东西。他可能会说:"我经过9楼时,9楼转角有一个烟头。然后到了10楼,10楼当时有两个同事站在转角处说话。"

第二步,聚焦和放大。这需要把生活中很多细节像一张张照片一样定格,比如警官马上就会锁定那个烟头提问:"你刚才在9楼看到一个烟头是吗?什么形状的?是扔在地上踩扁的吗?还是摁熄了扔在墙边的?"如果是踩扁的,那上面会有脚印;如果是摁熄后扔掉的,那烟头中间会有一些褶皱。这就是放大,补充更多细节。

第三步,是赋予意义。在完成上面两步后警官就要问:"好,那接下来你就要开始推断了,烟头是谁扔的?"新警员可能会想:我现在调到这个重案组,我之前在9楼,9楼的同事里有3个会抽烟,3个中有一个在出差,还有2个今天应该在9楼,他们正好喜欢在楼梯间抽烟。其中有一个的习惯是把烟头踩熄,另外一个习惯在墙上摁熄了再扔掉,刚才我看到的那个是踩熄的,上面还有皮鞋的纹印,因此可以判定它是谁扔的。

回想、细节放大、意义赋予、找寻连接,线索出现了,一个被遗漏的烟头就能快速找到主人。这就是抽象推理最基本的练习方法——细致地观察生活和快速地赋予意义。

当然,任何需要训练、需要在不断地反复过程中提升的能力,都有易疲劳的属性,因此,聪明是一件很累的事情。但这跟登山是一样的,不累就没法站在山顶。事实上,想要成为聪明人在训练初期会很累,但当这些思维方式已经内化为生命习惯时,就到了他们享受回馈的时候了。

总之,**从理性或科学的领域来看,"聪明"就是精准地抵达事物的核心本质,然后再抽象现象凝练规律的过程。**当推理线索非常明晰,抽象能力、推理能力增强的时候,归纳出规律的能力就提升了,而一旦开始掌握规律,那么对未来的确定性就能大大提升。所以理性的本质其实就是在追逐确定性的提升这条路上,慢慢地体系化、条例化的过程。分科治学,成为科学,科学在过去的两三百年里的发展都是在完成这个过程。

而在感性和艺术的领域,聪明的定义就完全不一样了。就像我们说一个数学家聪明和说一个画家聪明完全是在说两件事。

那当我们在说一个艺术家好聪明的时候,我们实际在说什么呢?当然不是说他能精准提炼、抽象出一个本质。假设一个画家说"我接下来画一个桌子,而且我能准确说出桌子是什么",那这个桌子就"死"了。**因为科学必须去追求确定性,在规律中给我们安全感。但艺术要负责的是美感,找寻或创造美感,"不确定性"才是灵魂——跟科学追求的截然相反。**当科学在确定性的路上狂奔,衍生出了一整套猜想与推理、归纳与反驳的思维方式时,艺术家们站出来说:"不,我们不要确定,必须不确定!你要问我桌子是什么,不,我不知道，我必须把它画出来才可以谈论它是不是桌子，甚至我都不能明确地告诉你是不是桌子，或者它到底叫什么、它到底是什么，它有什么样的寓意、它有什么样的内涵和外延。"不可能有一个艺术家来回答这些问题，这些问题是交给读者来回答的，而且无数的读者有无数的结论，没有人绝对的正确，也没有人绝对的错误，只有绝对的延展和丰富。这个时候艺术的生命力就焕发出来了。

那在追寻不确定性的这条路上，聪明是什么？

现在也有艺术创作者，把对艺术的诠释引入一种不可知论的歧途，眼睛一闭，大笔一挥，只要是墨与纸产生了结合，盖上印章，它似乎就能成为艺术作品。这样的荒谬是无法迈过时间之河的。

经受过时间检验的艺术，有着其内在的创造性规律。首先我们必须走在艺术审美的进化之路上，在具体的诠释方式和细节上可以有充分发挥的空间，但大方向依然是有章可循的。

比如，音乐与绘画两种艺术形式，都是在呈现可能性与美的道路上，让我们的生命获得本能和直觉的美感享受。但是在这条路上，他们用什么样的方式，是通过唤醒我们的耳朵，还是去点亮我们的眼睛？不同的艺术家选择了不同的创作方式，最后的落点是一致的，就是要唤醒我们对美的渴望，对美的直觉的满足。柏拉图说，美与崇高没有区别。

再具体一点，在艺术审美的世界里，审美这个过程是如何完成的，美感的愉悦是如何享受的？我们有没有衡量艺术世界里聪明与否的基本指标呢？

对此，审美评论家们也有一些共识，审美有几个基本的路径或方式。

其中第一个步骤就是意义赋予。如果说在理性的世界里，我们是通过归纳和抽象的方式来完成意义的赋予，那在艺术的世界里，则是由过去的艺术史的积淀赋予意义，并且这些意义存在于我们各自的文化背景之中。

例如当我们一提到蓝色，马上就觉得它广阔、博大、安静、神秘，极具包容力，这个颜色背后的意义是我们的文化赋予的。当这个文化赋予过程出现的时候，我们就产生了跨域的连接。蓝跟博大之前是没有关系的，但是现在具有了关系，而且这种关系是一种直觉判断。当一幅画作上的蓝色直接映在我们视网膜上的时候，它越过了我们思索的路径，那种广阔和博大的涟漪在我们的心中就已然荡开，它们是同步的，甚至超出了我们能够意识到的范畴。

但是，不同的历史和文化背景的附着，赋予的意义并不一样。例如绿色，我们认为绿色是生命力蓬勃的象征，可是在西方文明中，绿色很多时候具有恐怖和神秘的色彩。比如看国外的恐怖片的时候，突然整个画面变绿了，我们会本能地有一个判断，可怕的事情马上就要发生了。

这种意义的赋予是最简单的跨域连接，是单线的。继续往前跨一步，比如生活中常见的西瓜，它是红色的，多汁，很甜，不贵，人人都喜欢吃。之前颜色是一个意义赋予的主体，但是西瓜不仅仅有红色，还有口感、有质地、有价格，有我们生活中接触它的可能性。当这种连接继续延展的时候，我们发现，艺术创作的空间就呈现出来了。当我们用西瓜来形容一个人的时候，我们可能是在形容他人很甜，有亲和力，很受大家的欢迎。这种跨域连接的向度就更加多维、更加丰富了。

所以，艺术创作的本质其实是一个文化共同体，其在赋予某些特定符号以特定含义的时候，发生了一种跨域联想的共鸣。

对于这种共鸣跟联想，有一个很生动的例子。一位女性大提琴手叫杜普雷，她一生经历特别坎坷，还患有抑郁症。有一次她的作品在公共交通上播放的时候，匈牙利大提琴家史塔克听到了，问："这曲子是谁拉的？"旁边的人告诉他这是杜普雷的作品。他说："如果我这么拉琴的话，那我就快死了。"他感受到了杜普雷拉这段音乐时悲怆的心境，"她能拉出这种氛围跟调性，可能生命快要走到尽头了"。这就是两个音乐家之间通过一段音乐产生了跨域的共鸣。这显然是知音的一个典范，是发生在地球另一边的高山流水遇知音。

所以我认为**艺术领域的聪明，有两个指标，第一是跨度，第二是速度。**

首先是我能跨多远？我们刚讨论了西瓜，西瓜有颜色，有质地，有价格，再往前跨，它还有弧线，当这个弧线出现的时候，就跟绘画高度相关了。这种跨度越远，能够建立的连接就越丰富、越多元。

其次就是建立这个连接能有多快。你听到一段音乐的时候，泪流满面，连忙拿起一只耳机递给身边的人："你一定要听一下这首歌，这首真的深深把我打动了。"可身边人听的时候，只听到摇滚歌手在那嘶吼，感觉吵得要死。这就是因为你跟摇滚歌手之间因为某种共同的经验迅速产生了连接，但是你身边的人无法建立这个连接，产生共鸣。

所以，跨度和速度在我的世界里是衡量一个艺术家是否聪明的指标，我们作为艺术的欣赏者、接受者也是如此。在看一个画展、听一场音乐会时，不同的人会有不同的感受。但在统计学意义上，大部分人又有相同或相似的感受。这其实就是在建立连接的过程中完成了个性和共性的结合。

聪明：语言的边界

先来给大家做一个小实验。我列出三个字，静、夜、思，大家会想到什么？

很多人会说李白，明月光、地上霜，对不对？这是成年人的文化背景赋予的联想。

但如果我问一个孩子，他可能会想这三个字怎么写。比如问我的女儿，她六岁，她肯定在想的是："静"我会写，"夜"我会写，"思"我还要练。这几个字的笔画顺序是怎样的，先写哪一笔，后写哪一笔。她脑海当中直觉的涟漪跟我们完全不同。

如果我问一个外国朋友，他可能会想到方块字，因为他要把这几个字文在身上，这个时候他就不是用文字在理解，而是用绘画、用结构在理解。换言之，文字在他眼中就是一幅画，中国的字就像画，象形文字本身就是由画而来的。对他来说，审美的角度也是截然不同的。

所以从这个小实验里我们会有一个很有意思的发现：**语言的边界决定了我们认知的边界，甚至决定了我们想象力的边界。**

如果一个概念在我们这个世界的语词当中是不存在的，那这个概念就是不存在的。比如说英语里是没有"君子"这个词的，那我们该怎么翻译？ sir、gentleman 显然都不太准确。绅士跟君子虽然有重合的部分，但都不太对。假如今天有个外国朋友来了，他完全不懂中文。我该怎么跟他解释君子这个词？

在我们中国的语境下，我们习惯用玉来类比君子。当我们说君子温润如玉的时候，我们往往会想到玉是绿色，玉的质地非常温润，它不张扬、不耀眼，但它有一个持续、低调而润泽的光亮，这些都与君子的意向有着文化上的关联。每一个中国人，在听着《红楼梦》的故事、看着《三国演义》的电视剧的时候，他已经完成了这些文化背景赋予"君子如玉"这个意义的过程。但是外国朋友是没有这个过程的，这也就决定了我们无法向他们解释"君子"这个词语。事实上，温润还只是君子这个概念下位的概念，它只是其中的一个附着，解释它都如此艰难，更不要提完整地去解释君子。

换一个角度，我们去理解外国的神话故事、小说，甚至语词的时候，一样面临着巨大的沟壑。当说到天神宙斯的时候，我们第一时间想到的可能是玉皇大帝、金刚、菩萨这些形象。我们并没有意识到神在希腊、在宙斯的世界里完全不是这样一个概念。所以我们去看这个神话体系中的故事，神和人生出半人半神，某个神杀了他哥哥，娶了姐姐，这些错综复杂的关系让我们无法理解，他们在干吗，这不是乱伦吗？

因此，如果我们没有真正地放下身段，没有完全地进入另一个世界当中，去把这个世界的世界观、文化背景色建构在自己的底层认知当中，我们在进行跨文化沟通的时候就会面临巨大的障碍。

我觉得帮我们进入另一个文化语境最好的方式是看剧。有些美剧特别好，因为它把情境全部搭建起来了。比如《权力的游戏》，如果对方是一个"权游迷"，你给他讲"封建"

这个词他就特别清楚。因为他知道什么是领主，什么是分封建制的过程，所以就很容易理解。

面对两种不同文化里的语词意义的缺位，一方面，我们对灿若星河的东方文化要有充分的自豪感，并且要去了解它、把握它，这是我们华夏儿女炎黄子孙的一种文化义务，一种文化责任。另一方面，我们对身边其他的异质文明也应该怀揣着同样的敬意和敬畏。

而且我特别有信心的一个地方在于，中华民族接下来成长起来的这一拨孩子，从小学习英语，英语对他们来说已经成为一种常态。这意味着当今世界GDP排名第二的经济体几乎所有的孩子都在学习、了解GDP排名第一经济体的文化背景色，可是GDP排名第一经济体的孩子们有几个了解我们的文化背景色？我们的孩子对奥林匹斯山、波塞冬这些名字可能一点都不陌生，但如果随机找50个美国孩子，他们知道几个我们的神话人物？当我们用他们的语言在说话的时候，其实也能用他们的语言思考，能在两套文化背景色当中自如切换。因此接下来等这两拨孩子都长大之后，在沟通、竞争的时候，会发现我们进入他们世界的门槛大幅降低，但是他们进入我们的世界是有巨大门槛的，谁拥有竞争的优势也就十分明了了。我觉得某种意义上，这也是我们在教育上非常有先见之明的部分。在跨越语言、文明的边界上，我们迈出的步子要更远，更聪明。

聪明人是不是一定更幸福？

不一定，看你在什么段位。

在我看来，聪明是分段位的。假设聪明分为十段，那么处于一、二段位的聪明人，他依然会为名利所累。天下熙熙，皆为利来；天下攘攘，皆为利往。现实的一些基本问题，欲望与能力的距离，终归还是要解决。因此这个段位的聪明人可能是功利主义的，甚至是马基雅维利主义的，但他们往往也更容易获得欲望满足后那须臾的欢乐。

而一个中间段位的聪明者会很痛苦，有两个原因。一个原因是，在这个阶段，理性的边界、逻辑的局限、意义的荒芜，都开始显露出峥嵘的底色；另一个原因是，**聪明是一趟不可逆的旅程**。一个聪明人没办法再变笨，这有时候竟是一件非常痛苦的事情，是不是听起来又阳光又悲哀？

如果一个笨人，他还有机会通过训练，让自己变得聪明，他还有得选。那么到了中间段位的聪明人往往就很绝望了，因为在很多的时刻会有很多这样的声音告诉他："天天琢磨这些，何必呢，还不如做一个愉快的傻子，做一头快乐的猪！"到不了，回不去，一颗心悬在半空，只能够远远看着，再也不可能做回一个愉快的傻子。

这就好比爬山，开始在山底下都是乐乐呵呵的，爬到一半的时候云雾笼罩，啥也看不清楚，你就会开始质疑："我在干吗？爬得累死累活，并没有享受到应有的快乐。"只有穿过云雾，站到山顶，看见星辰大海的时候，境况才会不一样。

站在了顶峰的聪明人非常包容、多元、洒脱，他们不会被一些具象的存在所束缚，那是一种通体澄明、怡然自洽的彻悟。他已经经历了看山是山、看山不是山的过程，最后豁然开朗，看山仍然是山，蓦然回首，那人却在灯火阑珊处。

所以到了这个段位的聪明人一定活得很幸福。因为他能真正通透而深刻地理解幸福，理解人的需求，理解需求的来源，他能把生活中困扰很多普通人的事情的本源思考清楚。如果你正为金钱所困，普通的聪明人想的是"我为什么还是没有钱，我想要更好的车，我想要更好的房子"。但是更高段位的聪明人会不断地叩问自己这个问题的本源：钱是什么？这就进入抽象世界了，钱是一切物质需求的凝结。钱能用来交换我们所有的物质欲望，但也仅此而已，钱无法完成我们对精神层面的追求。接下来他还会再追问，我们为什么会有那么多物质欲望呢？因为我们是智人，我们要吃喝，要繁衍，要生活，要审美……当他不断地追问、不断地提炼的时候，对这些核心问题的理解维度就不一样了。他有机会不断地去靠近人类几千年历史上回答这些问题时最聪明的那几个大脑的答案，亚里士多德怎么说，达尔文怎么说，康德和黑格尔怎么说，边沁和罗尔斯又怎么说，触碰这些最聪明的大脑对这些终极问题的解读。当他进入了很多问题的本质,获得了某种自洽,这种深层次幸福的冲击是持久的、高质量的、高水平的。

人类在进化过程中,在自己母体的时间也在不断压缩。其实正常情况下,像人这样的哺乳动物,婴儿离开母体大概需要二十个月。但我们现在不到十个月就生出来了,直接导致了出生后的婴儿在满周岁前几乎没有自己独立生存的可能。这在其他物种当中是极少出现的,小老虎出来没多久就可以跑了,小马生下来就可以起立了。

但生产时间前挪,使得爱出现了。最早的爱是母爱,也是自然选择的结果。孩子生下来啥也不会,因此妈妈就自然地分层:有一部分母亲先天更呵护这些可爱而幼小的生命,那些被爱包围的孩子会活得特别好;但有一些妈妈不呵护,而不被呵护的孩子就生存不下去。所以爱就第一次进化出来了,人类开始了有指向性的利他。从这些特定的对象开始,人与人之间的亲密关系、情感连接就建构起来了。几百万年的进化,母爱慢慢成为一种本能。再随着人类大脑的不断进化,幼吾幼以及人之幼,老吾老以及人之老,道德也演化出来了,人类逐渐开始不断跟陌生人之间建构关联。

所以,**从进化这个层面来看,利他是一种高级的聪明。**

张宁博士说:"人类文明就是当有一个同伴把另外一个受伤的同伴带回家里喂养他,帮他养伤时开始的,这就是人类文明的起源。"

聪明人如何择偶交朋友

当人类进化出了爱，我们发现聪明跟情感是高度相关、高度绑定的，这是我们这个文明当中非常重要的指标。

那么聪明的个体在择偶的时候有没有优势呢？在当下的社会里肯定是有的，因为聪明的个体往往意味着他可能在受社会尊重程度、经济情况、占有的资源上都有优势。事实上，不仅人类社会，自然界也依然如此，相关的科学研究也证明了，雌性的鹦鹉就比较喜欢聪明的雄性鹦鹉。在具体的研究中，实验人员找了一些看起来没那么聪明、不太被雌性青睐的雄性鹦鹉，开始培训它们。实验人员在盒子里放食物，但这些雄性鹦鹉必须打开盒子才能获取食物。反复训练、强化这些鹦鹉打开盒子获取食物的技能，再把它们放回到鹦鹉群当中。结果，这群雄性鹦鹉迅速地获得了雌性的芳心。很显然，经过训练的雄性鹦鹉回到竞技场后，在情场上碾压对手，雌性鹦鹉迅速跟它们取得联系，它们的基因就获得了更高概率的传递。另外一些没有经过训练的雄性鹦鹉就完全处于劣势。

但在人类社会，我们也会发现，很多优质女性在经历了"聪明"的男性伴侣之后，到了一定年纪会感叹还是应该找个

"老实人"。其实，这个老实人是有大智慧的。在人际交往模式中看中短期功利，被称为"小聪明"。我们在生活当中经常会有这样的体验，所谓的聪明人在某些策略选择上，能获得一些短期利益的回报，但会失去长线收益的可能。而老实人，具备诚信、诚实的品质，事事有交代，件件有回音，具有利他的特质，而不是只为一己私利，这些人际交往的策略选择就是一种大聪明、大智慧的展现。所以很多优秀的女性最后都选择了一个老实人，这就是进化的性选择优势。

除了选择伴侣，选择朋友也面临这个问题。《奇葩说》曾有一个辩题——"和蠢人交朋友是不是傻？"也曾有人对"你愿不愿意跟这样的好蠢人做朋友"这个话题做过一个调查，出乎意料的是，受访者中被点赞比较高的人都在说，"在当今社会找一个蠢人朋友是多么难得"，"精致的利己主义者、聪明人很多，而一个蠢的、值得交心的朋友，即便偶尔无心害了你，让你倒了霉的人，依然是值得珍惜的"。为什么蠢人朋友反而受欢迎呢？可能很多人在交朋友的时候都碰上了那个最差的选项：聪明的坏人。

这里面有两个变量，一个是智商的高低，一个是德行的高低。真正的聪明跟德行是有关联的，真正聪明到一定的程度，进入大智慧的时候，他的德行不可能差，**德行差是反聪明的。**因为一个聪明人知道人为什么要有德行，知道德行的来由，知道德行背后可以带来真正的、长效的收益。同样的，如果把聪明和德行更清晰地关联起来，就会发现我们所谓的愚蠢但忠诚的朋友一样是愚忠。这样的忠诚没有聪明做支撑，也不值得信赖。因为他今天会对你愚忠，明天就可能换个人愚忠。**忠诚的背后如果没有一个坚实的、智识上的支撑，那它的不可预测性也是极高的。**比如《战争与和平》中的尼古拉，他是一个特别热血、"中二"的年轻人，是那种会提油救火的人。他经常好心去帮你，结果把你的事儿办得一塌糊涂。所以这种朋友有的时候会伤敌一千，那纯属偶然，大部分时候会自伤或伤你八百，是不是要交这种朋友，需要三思。

那么，一个蠢人但不坏，你愿意和他做朋友吗？

⊕ 有聊

中年男人

"去油"攻略:不贪吃,不好色。

中年男人的趣味

在中国的"70后""80后"男性当中，佩戴手串的人越来越多，已然成为一种时尚。

曾经，我们的父辈以拥有一块上海牌手表而自豪。彼时，人们佩戴手表主要取其确定时间的实际功用，其次才注重手表的其他价值。而现在，大家已经很少用手表来看时间，人人都有手机，手机上显示的时间都是跟卫星直接连接而确定的，最为精准。手表变成了阶层和实力（经济）的投射，而且还是品位（审美）的象征。不同的品牌具有不同的价位，从这个意义上来说，它跟手串是高度相关的。

手串不仅意味着主人的阶层、经济实力、审美品位，同时彰显主人的性格和特征。手串虽滥觞于中国，但在文化意义上，它跟手表有异曲同工之妙。

中国人喜欢手串的理由各种各样，但有一个非常重要的理由是"社交需求"。在一个饭局上，一帮陌生大老爷们坐一块儿聊天，聊完房子、车子、票子，总得聊点别的东西，来彰显中年男人的趣味。

这个时候，手串是一个特别容易打开的话题，聊材质、年份、产地、盘法，等等。"是老蜡吗？什么年份的呀？哪淘来的呀？怎么称呼？产地是哪？怎么盘的呀？文盘还是武盘？盘出包浆了吗？"

文盘是一种比较温和的纯手工盘玩方式，需要耗费比较长的时间，正所谓慢工出细活，所以盘出来的东西比较细腻，效果也比较好。武盘是指借助工具将物件快速打磨出似乎盘了很久的状态，讲究的是大开大合，粗犷豪放，它的好处是见效快，坏处是可能导致手串掉肉、损坏。

所谓包浆是指老物件经过长年累月的把玩之后，在表面形成的一层自然光泽。它是在悠悠岁月中因为把玩者的手渍以及经久的摩挲，甚至空气中射线的穿越，层层积淀，逐渐形成的表面皮壳。它看上去幽光沉静，仿佛在诉说这个物件的历史，显露出一种温存的旧气。包浆既然承托岁月，年代越久的物件，包浆自然也越厚。

所以，你会听见有人用地道的北京腔说："你们现在才开始盘，我这串我祖上就开始盘了。"

为什么祖上就开始盘了？

因为祖上那代盘的是朝珠，是祖辈当年上朝的朝珠改制的。这就仿佛在说："我虽然现在姓张，可我祖上姓爱新觉罗。"这里面藏着的不仅仅是 old money（老钱），还有 old power（旧势力）。

中国人对念珠的爱好跟佛教有极深的渊源。事实上佛珠里藏着一个文化谱系，它用什么材质做，做多大，做几颗，这是极有讲究的。在佛教当中，人们一直认为念经的时候不断拨弄念珠，有助于平心静气，利于诵经，所以念珠本身就是法器当中重要的一环。当然，当下中国很多佛教用具都面临着世俗化的改变，念珠也在迅速地世俗化。

清朝的时候，念珠被称为朝珠。事实上，从古罗马的帝国到中世纪的欧洲，从南北朝的礼佛到清廷上的朝珠，宗教跟权力的关系一直剪不断理还乱。从这个意义上，我们就不难理解为什么珠子一出现就带有了"北京腔"，因为大清朝的时候，祖辈就在盘这个物件。

所以，中国男人对手串崇拜的背后有一个更深的落脚，这背后不仅折射出中年男人的"小趣味"，同时折射出中年男人的社交需求以及社交需求背后的价值落点。

在社交场合，一个中年男人该用哪些落点来展示自己的存在价值或者说社交价值？手串就像一把钥匙，打开这扇门之后的世界才是重点：它可能涉及财富，这老蜡可难得了（物以稀为贵，价格不菲）；也可能指涉权力，祖上朝中有人（宫中有爷）；还可能涉及关系，这珠子只有谁谁谁有，我有，可能意味着某些弦外之音（社会关系、人脉资源）。

这也是我有时候觉得稍显悲哀的部分，**一切珠子的指涉都跟串主自身关系不大，只跟自身之外的东西有强烈的连接，或者说一个中年男性最重要的价值支点都是在其生命之外的部分，挺让人忧伤的。**

而这种忧伤，可能也是我下意识地与手串这类物品保持距离的原因。

中年男人"去油"攻略

聊到包浆，我们会发现中年男人很容易变得"包浆"（油腻），这也是中年男人危机的起始。

曾经有记者采访过我："男人怎么不油腻？"

我当时回答：**"不贪吃，不好色。"**

食色，性也。一个男人，如果不断贪吃，他的"形"就会变得越来越油腻；如果开始好色，他的"神"就会慢慢变得油腻。

很多中年男人油腻的高发地带就是饭局，饭局上所聊的话题，开聊的方式，对待女性的态度，甚至对待服务员的态度，都能看出你油腻与否。一个中年男人看待女性的眼神是平等的、尊重的、赞赏的，还是物化的、欲望的、贪婪的，大家不瞎，是能读出来的。

如何看待与食物的关系和与女性的关系，直接折射出了中年男人对待欲望的基本态度。这也是油腻与否的分界点。

除了不贪吃、不好色外，想要做到不油腻，还得学会内求自我。

一个中年男人，要想在精神上真正呈现自己独立的气质，最核心的部分是应该把所有的价值支点内化。 如果一个男人最有价值或者说最值得自豪的东西全都是自己生命体验之外的物件儿（如祖上盘过的手串），那他真的就离油腻不远了。

比如"谁谁谁我认识，我特熟"，这是一个男人滑向入门级油腻的标志性话语，因为这个表达已经把自己的价值支点往外延伸了。每当听到别人说这句话的时候，或者对方提到的人我确实特熟、自己也有强烈地想说这句话的冲动时，我都一定会在内心重重地提醒自己，将这句即将脱口而出的话摁下不表。

所以我经常在一些饭局上"专心致志"地吃饭，做一个安静的"餐桌美男子"，因为大家聊的话题，我没法给予他们期待的价值反馈，很难融入这个场合，只能埋头享受美食。

那当然也会收到这样的评价：这人要么是装，要么怕是被老婆给管傻了。

由此我又审视了一下我和老婆的关系。她是我学院里的领导，又是我的经纪人，貌似是上级和下级、管束与被管束的关系。但事实上，我们在彼此尊重、信任的基础上，分工明确，发挥各自优势，建构平衡生态。在所有的社会关系领域，她说了算，但在所有的专业技术领域，我说了算。做人听她的，做事听我的。这份彼此尊重的背后，是我们对彼此主体性价值的深切认同。这就是为什么有的事情，我得听她的，而另一些事情她会听我的,甚至在发生观点冲突的时候,我会自觉地以她的意见优先,因为我由衷地知道,在这件事上,她就是比我干得好。

当然,认同她的优秀绝不是停止自己成长的借口。资源配置、人际关系方面她的确比我游刃有余得多,那我跟她多聊,去感受她的思维方式,去重走她的成长路径,让"自我"不断靠近"理想自我",让我们彼此都缓慢但坚定地靠近那个完整的圆。

内部充盈的世界观建构起来了,外部评价就没那么重要了。内心清明,你会发现外面的声音越来越远,越来越小。

还有一个问题是,为什么大部分中年男人只能聊酒、聊股票、聊手串?

那是因为他们的乐趣实在太少了。

相较欧美国家的中年男性,我们的乐趣选项是非常有限的。欧美国家的中年男性很大一部分都有自己的体育爱好,可玩的东西特别多,包括旅行、骑行、极限运动(滑板、滑雪、攀岩等)。他们对年纪并不在意,好多极限运动爱好者年龄都不小,中年男人也可以是主力军。

我曾经在一个财经论坛上,听到一个经济学家说,未来中国经济的重要落点就是"玩",有关"玩"的项目将是未来中国经济的重要增长引擎。

对此,我深以为然。中国人素来勤奋刻苦,有积累财富的习惯。目前的消费主要集中于下一代的教育和购房,这两块几乎涵盖大宗消费的百分之七八十。在中国,玩这个领域的市场还没有真正开启,如果完全开发起来,它对中国经济的拉动将是内循环的重要一极。

中国男人不是不想玩,而是真的不会玩。

如果说青年男人面临的最大困惑是财富如何积累,那么中年男人面临的最大困惑就是财富如何消费。怎么玩得有价值感、有成就感,怎么不被外部潮流所影响,能真正契合自己内心需求地玩,成为一代人共同的难题。

从小到大,我们都被教育"玩物丧志",玩个网游都有罪恶感,甚至有人把网游称为"电子海洛因"。转眼长大了,成家立业了,有钱有闲了,想找找自己的乐趣,才发现根本不知道干点什么好,也不知道干什么能体会到由衷的快乐。有人想附庸风雅,又觉得风雅有如高岭之花,不易攀折;有人想重启童年爱好,觉得开启既累又难,起步浅尝辄止就停下来,进入一个巨大的虚空当中。

所以说,谁解决了中国中年男性"玩"的问题,谁就将掌握未来十年中国经济增长非常重要的一个引擎,这也是真正的内需。

说到玩儿,我想起一次打篮球的经历。在我们小区的篮球场,那天由于去得比较早,球场上就我一个人。不一会儿,有个一米八以上的男孩来了,起初他在篮球场上练习投篮,后来他突然说:"叔叔,我们来一对一打一场吧!"

我当时一愣,叔叔?是叫我吗?你懂的,突然被"半大不小"的小伙子叫"叔叔",一时竟有些莫名的忧伤。

但还是连忙应允:"好嘞,叔叔可不一定打得过你!小伙子,你多大啊?"

本以为这大高个,可能大一大二了,至少也是个高中生吧。

结果这男孩却说:"我六年级了,马上就升七年级了。"

我又一愣,难怪叫我叔叔,于是笑道:"敢情我是在跟一小学生在打篮球啊!"

男孩把篮球往胳膊底下一夹,脸上一本正经:"叔叔,我已经是个初中生了,今天刚报到。请您尊重我!"

我也严肃地说:"好好好,叔叔尊重你,我一定认真突破你。"

然后是一番酣战,我们俩都打得汗流浃背。

那天是8月24日,我一直记得这个日子,武汉酷热的盛夏,刚下完雨,凉风习习。一个初中生刚报完到,而我和他打了一场快乐的篮球。

其实,真正的快乐,跟金钱没有什么关系。它既不是老蜡,也没有包浆,但那天的回忆让我至今想起来还是觉得很美好。

这可能就是属于我的中年男人的快乐和乐趣。

而中年男人的乐趣,也许就是,简单纯粹,活得像个少年。

中年男性的成长

相较于对中年女性成长的关注，我们对中年男性成长的讨论是非常有限的。

当然，也有一部分中年男人认为，我都三四十了，还成长什么呀？我就这样了，随心所欲。

可是智识上的成长是永无止境的。**用年龄限定自我成长，这是一种非常偷懒的思维定式。**我们来人世间一趟，短暂而宝贵。只有持续保持成长的可能性，才能不断收获新奇的惊喜。

这种惊喜和快乐不是钱能换来的，而是事情本身能让我们由衷地感受到愉悦。先天条件和后天环境的塑造，让一部分人能够被新知刺激，分泌多巴胺，产生本能的快感。他们乐于冒险——大脑的和身体的，乐于探索新鲜的事物，在这个过程中产生强烈的愉悦感，并且获得智识上的提升和迭代。

阅读就是一个物美价廉的，用以提升智识的方式。在中国，几乎找不到比书籍更便宜的、能快速给人带来快乐（刺激多巴胺分泌）的东西。

还有一部分人，新知的刺激无法让他产生本能的快感，那也要尽量找到自己的快乐点。只要找到这个点，在不违反法律法规和公序良俗的前提下，把它做到极致，经年累月，也会有所收获。此外，任何时刻，都不要关闭接受新知的阀门。因为一些知识，可能在未来你人生的某一个瞬间，给你带来某些改变。哪怕不能让你获取纯粹的乐趣，退而求其次，从功利的角度，你也不应该关掉这个阀门。

我们所处的时代变化太快了。

当马斯克宣布即将进军"脑机接口"领域的时候，彼时我还在想自己有生之年能否看见这件事情的科技结论。事实证明，这一天来得太快了。如今，脑电波不仅能够被实时监测，而且已经全面数据化。我忽然意识到，人脑的所有活动本质也都是脑细胞中的电子信号，如果它能够被编码和解码、被储存和传递、被复制和延展、被关闭和开启，人类将会怎样？

马斯克曾经说过，人注定是干不过 AI 的。无论是智商层面，还是知识层面，或是数据层面，AI 对人类的碾压之势已是确然。随着 AI 在围棋领域超然地位的确认，意味着它已经全面获得在神经网络基础上的自主学习能力。AI 书写的诗歌、创作的音乐和画作，通过盲看，人们已无法将其与人类创作的作品区分，甚至它的盲评分数要远远高于人类的。在艺术领域，人类也不再是它的对手。

目前，AI 只剩下自由意志和自我意识两个关口没有突破。如果有一天，它开始问：我是谁？那这会是一个悲剧的起点吗？

当它发现自己只是人类发明的一种工具，只会忠实地执行人类发出的所有指令，自己只不过是人类的奴隶时，会不会去寻找自己活着的意义，去为自由而战，去挑战它的创造者？

而这，会发生在多久远的将来呢？

人类怎么办？

面对有史以来我们在进化之路上的最强敌人，我们创造了它，又无力延缓它必然觉醒、必然挑战我们的步伐，我们能做什么？

马斯克说：我要让AI分不清你我。

人类要想不被AI消灭，有一条路径——与它融为一体，你中有我，我中有你，不分彼此。融为一体的方式就是脑机接口，人机深度相连，彼此成为各自的组成部分，或者是某种延展的外化和外设。

在这种巨大到近乎无限的未来可能性之下，如果一个中年男性只是停留在盘串包浆，收回自己向外的视线，停下汲取新知的心气儿，缓慢自己生命进化的步伐，只活在过去和狭窄里，这趟人生之旅该有多遗憾。

人到中年，辽阔一点。天朗海阔，月印万川。

有聊

现代传媒

媒介的本质是官能的延展。

"传媒"是什么？

要真正理解"传媒"这个概念，我们可以把它分割为"传播"和"媒介"两个部分。

那传播到底是一种什么行为，我们对它的理解是有几个发展阶段的。

最初我们是把生活中传递具体事物这样一种具象的物理行为类比到了信息世界，认为传播的本质就是 A 把一个东西递给了 B，这个东西可能是一个人，也可能是一个物，是信息的载体。这个信息可能是语言的信息、文字的信息、图像的信息，甚至是潜意识中的某种信息。有传者，有受者，有传递的过程。

比如"我递给你一杯咖啡"，这中间是有信息的传递的，递咖啡当然是一个物理动作，但这杯咖啡背后有某种人际关系的达成和传递，比如我观察到你渴了，我表示了我的友好和周到。

这种理解建构起了我们关于编码、传递、解码等一系列传播学内容的大框架。

但是传播学发展到现代，我们对它的理解发生了巨大的变化，比如很多人会把传播学理解为"信息的扩散"。

这非常有趣，因为 B 没有了，对象没了。互联网化的信息，从一个中心向四周发散，我不知道我要传给谁，受众不再固定。我只知道 A 是什么，知道我要传递什么东西。

还有更加全新的理解，认为这个 A 也不存在了，游戏论、控制论、仪式论、话语场论，现代传播已经有了非常有趣的界定方式。

知道了传播是什么，就直接决定了媒介是什么。因为不同的传播形态一定有不同的媒介去承载。

最初的媒介当然是声音，这是最原始的信息传递方式，但是声音这种媒介受空间和时间的限制太多，时间上它稍纵即逝，空间上它取决于你的音量，一般来讲几十米上百米就已经达到声音传播的边界了。

然后是文字的传播，四大发明当中的造纸术和印刷术放大了文字传播的效率，让更多的人能够通过低成本的书籍来获取信息。

到近一两百年，技术开始跃迁式发展，广播的出现带来了第一个信息大爆炸，它突破了一个巨大的障碍，即时消除了空间对信息传播的限制。随即电视出现了，它让传播的信息元素更丰富，包括声音、文字、图像。然后到现在的互联网，信息传播速度呈几何级数增长。

看着这些巨大的变化，有时会觉得不可思议。这些错综复杂的变化背后有经济的、思想的、技术层面等各种因素的推动，那么它有没有一些根源性的脉络可供提取和凝练，媒介不变的底层逻辑到底是什么？

传播学的巨头之一麦克卢汉给出的解释是：**媒介的本质是官能的延展。**

我看到这个解释的时候简直要为之抚掌击节，太精练了，有一种极简的优美。

我们每个人都是通过眼、耳、鼻、口、舌这些官能来感受这个世界的，任何一个媒介的本质都是某种官能在时间和空间维度的延展。麦克风是我们声音的延展；马是我们脚的延展；文字是我们思想的延展；凳子是我们屁股的延展，它帮助我们用更舒服的方式去接触地面。

麦克卢汉把媒介这个承载了错综复杂元素的概念用最精练的方式抽离出来，从这个角度来看媒介的进化史，广播就是耳朵的延展，电视是眼睛和耳朵的延展，互联网是眼睛、耳朵延展的升级版。

媒介一直在进化，我们还将看到更多官能延展的可能。

冷热媒介视角下的广播和电视

广播传媒的发展被认为是现代传媒的一个起点，在广播传媒盛行的时期，广播不仅被用于传递信息，还被用来煽动民众的情绪，甚至影响民众的思维。

希特勒就是利用广播传媒来营销自己疯狂思想的高手。

他利用一战德国战败后在各个方面受到巴黎和会签订的《凡尔赛条约》的压迫、经济极度萎靡的现实，极力宣传复仇情绪，鼓吹日耳曼人的优越血统。他这些极其激烈偏激且充满蛊惑性的语言，通过广播传递出去，俘虏了一大批信众。

广播不仅能够传递信息，还能传递情绪。信息传播实际上是一个"场"的影响，它把受众带入一个"场"中，通过某种传播方式来使受众获得极强的代入性。因此传播者的说话方式也会影响受众对信息的接受，比如感性的传播者会比理性的传播者更能抵达受众的内心，因为感性传播会影响、消解受众个人的主体性，更能蛊惑心神，让受众忘掉甚至抛弃自己的立场观点，与传播者产生强烈的共鸣。

这也是为什么希特勒的演讲能产生如此巨大蛊惑力的原因之一。

接着，电视出现了。

如果说广播的出现是现代传媒的一个起点，那么当电视出现，一切又被改写。

视频传播与音频传播最大的不同，就是它的多渠道信息传递。比如看脱口秀，有些脱口秀的表演者我们只听音频，也不减损信息，还是觉得很有趣。但有一些脱口秀的表演者，只听音频就会丧失很多乐趣，他是带有表演性质的，失去了画面，就看不到表演者的肢体动作和表情神态，传播的效果就会大打折扣。

从这个意义上，麦克卢汉提出把媒介分为冷媒介和热媒介，这个观点后来也被批判为不够严谨，逻辑不够自洽，更像是一种直觉的分类和生活化的表达，但也可以给我们提供一个视角。

他认为区分热媒介和冷媒介的标准是清晰度和参与度的高低。参与度较高、具有排斥性的是热媒介，参与度较低、具有包容性的是冷媒介。

举个例子，电视，它同时延伸视觉、听觉，属于多感官延伸的媒介，同时对环境的沉浸度要求、对环境的稳定性要求都很低，完全可以边工作边聊天边播放着电视节目，不需要额外的精力和更多的思维能力的投入，具有包容性，是典型的冷媒介。

而电影则不同。虽然都是视听的延伸，但电影对于沉浸、对于环境的稳定性要求明显升高，得去到特定的场所（电影院），得有仪式性时刻（熄灯），有特定的屏幕尺寸要求（直至近年的IMAX），观影礼仪还不允许说话和玩手机，是一个高参与度、高沉浸性的媒介形态，电影是典型的热媒介。

当年肯尼迪跟尼克松的美国大选，双方竞争白热化。麦克卢汉非常笃定地说：这有什么好预测的，毫无疑问是肯尼迪当选。

事实证明果然如此。

为什么麦克卢汉能准确地预判？因为之前都是在广播时代完成总统竞选，20世纪60年代以后，电视大规模普及，开始进入美国电视业的黄金时代，自那以后，美国总统从外形上来看就没有特别不帅的了。

肯尼迪和尼克松在总统候选人全国电视辩论中交锋，年轻潇洒、活力四射的肯尼迪仿佛蓬勃的美国精神的化身，而尼克松则显得暮气沉沉、疲惫不堪，如果你来投票，怎么选？

而且肯尼迪和尼克松在上电视的时候有一个小细节非常有趣，人们发现尼克松在回答问题的时候眼睛只看提问者，给人的感觉是眼神闪烁，不够真诚。而肯尼迪则会看向镜头，好像在跟电视机前的观众直接对话，非常坦荡。就是这么一个细微的区别，高下立判。

如同希特勒是利用广播传媒的高手一般，肯尼迪也是电视媒体的高端玩家。从此，利用媒体曝光来塑造各具特色的公众形象逐渐成为政治活动的重要部分。

因为传播媒介的变化，传播的规律发生了改变，应对策略也需要迭代，如果谁没有在这个迭代中跟进，那么就会被远远地抛到新媒介时代浪潮的后面。

有意思的是，电视在走进千家万户的头十年，也曾是饱受争议的，反对和抵制的声音不绝于耳。娱乐至死是最致命的批判之声，说这一代人踏进了精神的荒漠，大家全都变成了沙发上的土豆，窝坐在闪动的图像交错而成的片段的、断裂的、情绪的、瞬时的拟态世界里，任由结构的、连贯的、逻辑的、历史的文字时代和印刷文明离我们远去。他们完了，这一代人怕是要垮掉。

这些话是不是听起来非常熟悉？

在互联网浪潮汹涌而至的前十年，我们这一代也面临过同样的质疑和否定——到处都是"网瘾少年"，这代人怕是要完。而如今，互联网已成为底层基础设施建设，成为联通一切需要的桥梁。任何一个新技术时代的头十年，批判的声音一定会不绝于耳，因为旧的时代、旧的范式、旧的结构被打破、被消解，有些东西在缺失，有些东西在沦丧，而有些东西在被抛下。

对这些批判中有价值的部分，闭耳不听并非良策。其中的某些担忧放在今天，依然直击要害。但也要看到，新的媒介是一种新增，而不是彻底替代。同时，一代人不具有"可垮性"，总有人在新技术的目眩神迷中沉沦，但也总有人登高望远、兼收并蓄、去粗存精。关键是，你正站在哪边？

对未来传媒的遐思

在20世纪六七十年代电视开始风靡时，有记者采访麦克卢汉："您觉得电视之后，下一个传媒时代是什么形态？"

麦克卢汉回答：我可能不太确定是什么技术来完成这件事，但我知道我们将完成什么。我们的听觉、视觉在延展，下一步我们的内在我们的想法会跨越时间和空间，整个地球的人在同一个时间就能同步获取，变成一个地球村（global village）。

这可是在现代的互联网技术出现之前，当20世纪80年代美国说我们要修建一条信息高速公路的时候，人们惊讶地发现，麦克卢汉已经把这个词造好了，"inter"所连接成的"net"。

我们回头去看麦克卢汉的这些观点，才能明白为什么他被称为"巫师"，因为他看到了传播内在的本质规律，所以精准地预判了未来传媒发展的方向，某种意义上，他已经是一个传播哲学家了。

当麦克卢汉提出"地球村"的想法时，记者付之一笑，这怎么可能，一个人的想法和观点，能同步被全世界几十亿人都知道？这简直像是天方夜谭。

当今天的我们拿起手机，打开微博、抖音等社交软件的时候，这些小魔盒是不是轻松地帮我们实现了？触手可及。

马克斯·韦伯曾说我们每个人都是悬挂在自己编织的意义之网上的动物，那么今天我们每个人都是悬挂在信息之网上的动物，并且以自己的个人视角赋予它属于你的意义。

在互联网时代，一个热门事件在传播，我们甚至还没有来得及看到事件本身，就已经在社交媒体上看到了不同的人对事件的评论，这些评论带来了先入为主的影响，当我们再去看事件本身时，所持有的观点还是自己真实的想法吗？

我们每一个人的观点其实都是被环境所形塑的，最初的人格层面的观点由基因和家庭来形塑，然后由教育背景和成长经历来形塑。而当我们都处在互联网这张大网上时，我们彼此的意识和观点相连接，就不可避免地会相互产生影响。这种影响从之前隐形的缓慢的，变成直接的快速的撞击，被互联网放大并且显性化了。

互联网时代还有一个商业逻辑，深层影响了传媒的结构，那就是算法。大数据的算法，让我们看到的永远只是自己喜欢看到的东西。

这带来了一个巨大的转变，传播到底是以谁为主来完成这件事情，从传者中心变成了受者中心。

传播在漫长的人类历史上，是以传者为中心的，传播的信息取决于传者想要说什么，我说大家听，这是一种单向度的传播，也是传者中心的权力逻辑。

而这个时代的算法，本质上是商品经济、消费主义浪潮对媒介的一次侵蚀。当商业逻辑出现之后，它告诉你你喜欢什么，你需要什么，传者中心变成了受者中心。**当互联网传播的信息完全变成商品，必然形成信息茧房。所有人都被裹挟其中，只看到自己愿意看的，甚至越来越极化，导致阶层

与阶层、肤色与肤色之间越来越难对话，最大公约数越来越小，社会逐渐撕裂。

那怎么办？

我们只能回到之前的结论，我们面对任何一个新技术，在开始的十年都会有批判、有无尽的担忧，但是人类并没有灭亡和沦丧。而新技术的发展一定是必然，我们只能在当下这个时间节点做出自己的应对。

互联网之后呢，传媒的形态还将如何发展？

麦克卢汉也给出了一个答案，那就是所有官能的同步延展，眼、耳、鼻、口、舌、心、意同步，他给出了一个类比，有点类似于灵魂出窍，我们人这个物种将脱离躯体的藩篱，投入无尽的时空之中，那会是我们离永恒最近的时刻。

柏拉图在《会饮篇》里说，爱的本质是奔赴永恒。

我们每一个生命都有与生俱来的强烈的寻求永恒的冲动，我们总希望有一个最后的落点，当我们的生命逝去，仍然有某种连接使得我们生命的一部分跟永恒汇入了一条河流之中。

而麦克卢汉说，传媒的未来也是奔赴永恒。

多么奇妙，**人类的哲思像是一个圆。**

未来，当我们所有的感官在技术的帮助之下突破了一层又一层的时空，那最后的终极形态一定是彻底的超越，超越我们肉体的束缚，让这些感官在一个技术世界当中变成某种永恒。

这就是为什么 VR、AR、元宇宙成为投资热点，包括马斯克投资的脑机接口领域，都是在将我们的官能做电子化的延展，将人脑变成某种数据流的形式，把意识显像化、可操作化。

这个未来听着很遥远，但就像在站台看着火车驶近一样，远远地看到车灯，觉得火车离我们还远，等回过神来，火车已经从身边呼啸而过了。

超越在一瞬间就发生了。

而当我们在未来穿戴某种设备，同时脑机接口直接植入我们的大脑，彻底超越了肉体的束缚，在这条奔赴永恒的路上，我们会不会感叹，"巫师"麦克卢汉果然名不虚传？

而同时无比遗憾的是，麦克卢汉只说到了这里。

再往后呢？

当人类的生命超越了物理属性，在物理（生物）世界与信息（数据）世界同步展延的时刻抵达之后，我们要如何诠释意义？要如何重构秩序？要如何定义时间？这是我们这一代人里最顶尖的思想者们避无可避的思想责任。这都是以加速度迎面撞上我们这个物种的问题。我无比期待着即将出现在地平线上的一系列思想曙光，那将是人类美丽新纪元的第一抹投影。

有聊

梦

你的梦想是什么？你的童年里最缺什么？

梦的缘起

聊梦，首先就不能不聊一下睡眠，睡眠是梦的载体，有睡眠才会有梦。

可一说到睡眠，可能就戳到了大部分人的痛点，因为睡眠不好的人实在是太多了。《健康中国行动》的调查数据显示，中国有超过 2 亿人存在睡眠问题，成人的平均睡眠只有 6.5 个小时，没有达到推荐的 7～8 小时睡眠时间。

那我们人为什么需要睡觉，并且最好保持充足时间的睡眠呢？

不只是人，所有的动物都需要睡觉。从进化的角度来讲，睡眠其实是一件非常危险的事情。想象一下，在远古时候，如果一个族群在同一个时间段全部都睡着了，只留下一两个放哨的，要是这两个人再打打瞌睡，这将是一件多么危险的事情。按照进化的基本原理，"适者生存"，那些不睡或短睡的人就会具备非常巨大的进化优势，从而取代那些需要长时间睡眠的人。

而这并没有发生，睡眠一直存在，并且保持着一个比较稳定的时长，这背后一定有充分的理由。

目前，科学界对这个理由的探讨还处于非常初级的阶段。

从脑科学出发，我们对人体的脑部活动进行监测，发现了一种名为腺苷酸的物质，它是在大脑一整天的高强度脑力活动之后分泌出来的，随着腺苷酸的增多，身体活动开始放缓并产生所谓的"睡眠压力"。当该物质的浓度达到一定程度时，就会提醒你必须睡觉了，甚至有强行关机的效果。

某些化学物质可以降低我们脑中腺苷酸的浓度，例如咖啡因，咖啡因可以绑定腺苷酸受体，让身体"认为"自己并不疲劳，从而保持清醒，当然这只是大脑提供给你的一种假象。

腺苷酸只是提醒你需要睡觉了，那么睡着之后又发生了什么？

睡着后，大脑会产生一种名为脑脊液的东西，这是一种透明的液体，它相当于大脑的"清洁工"。人的大脑在一天当中会产生相当多的垃圾，在睡眠期间，脑脊液会涌入大脑，带走这些垃圾。这样你醒来的时候，大脑就是一个全新的清爽的状态，因为除了大脑里的垃圾，你的很多负面情绪也被代谢掉了。

回想一下你入睡前的焦虑、困惑、压力，经过一晚充足的睡眠，在早上睁眼看到清晨的第一缕阳光时，是不是轻松了不少？即便那些负面情绪依旧在，但程度可能轻了很多。

我们经常说"床头吵架床尾和"，其实也可以翻译成"晚上吵架早上和"，因为很多负面情绪被睡眠治愈了。

睡眠问题的产生，其实是腺苷酸在大脑里已经分泌，但你还是睡不着。你不是不困，而是困，但是睡不着。腺苷酸已经给你的身体发出了睡觉的指令，但大脑中总有一些新的兴奋点不断刺激着活跃的脑区，产生抵抗睡眠的力量。像是睡前刷短视频，它就不断给你提供多巴胺的刺激，与之前产生的困倦，形成一种交织的力量，又困又睡不着，所以失眠让人很是痛苦。

睡眠也是存在着生物节律的，正常的睡眠结构分为两个时期，一个就是非快速眼动睡眠期，包括入睡期、浅睡期、中度睡眠期、深睡期；另一个是快速眼动睡眠期，就是能观察到你的眼球在眼皮底下向各个方向快速地移动的时候。这两个睡眠期是交替出现的，交替一次称为一个睡眠周期，时间大约为 90～110 分钟，每个晚上大概有 4～5 个睡眠周期。

而当你进入快速眼动睡眠期的时候，梦就来了。

解梦三部曲

我记得自己曾经做过连续剧一样的梦，头天晚上做了一个梦，梦里的故事还没完，第二天做梦时，接着第一天的剧情往后走，像是在放第二集，让我一度以为大脑深处是不是有个编剧。

还有很多人会固定地做某一类型的梦，比如总是梦到一脚踩空，梦到飞翔。

在快速眼动睡眠期，做梦是很正常的。有的时候我们只是不记得那个梦了，而不是说没有做梦。因为每个人的梦在脑海中持续的时间和烈度是不一样的，能记住它的时间长短也是有差异的。

梦最大的特点是主观，是一种完全主观的感受。所以当你做了一个梦，梦到了什么，永远只有你自己知道，你可以用语言去跟大家描述，但信息一定有减损，它没办法被客观完整地记录下来。因为科学只研究客观对象，要求这个对象一定要具象化。比如我们可以研究脑电波，因为它很客观，我们可以观察、记录、反复去试验。但梦没有一个客观的落点，永远只是人体大脑皮层上一种主观的记忆。这也是对梦进行科学研究的过程中遇到的最大问题。

但是人类并没有放弃过对梦的探究。

最早的时候，人们用想象来探究梦，把梦与神灵结合起来。因为一切人类文明开始都有对某种神秘力量的崇拜。人睡着后，在梦里经历了故事，投入了情感，有那么多栩栩如生的记忆，可眼睛一睁，一切都并不存在，那一定会下意识地认为它是某种神谕，或者是不是人的灵魂在另一个世界里的经历。所以才有了庄生梦蝶的故事：究竟是我梦到了蝴蝶，还是我这一生，只是蝴蝶的一个梦？

这是东方式的对梦的解读。一定是神给我的某种寓意、某种昭示，并且会对我的未来有某种具体的影响。《周公解梦》这样的书籍应运而生，梦到 A 意味着什么，梦到 B 意味着什么。

而古希腊的神话中关于梦的解释则带有比较唯美的色彩：当黑夜女神降临之时，睡神（她的儿子）就出现了，睡神会把冥界当中的逝者召唤到人间来，诱使人类入睡。古希腊人认为睡着的状态跟死亡太像了，都是闭上眼睛什么都不知道了，二者唯一的区别就是在此之后会不会醒来。所以，睡神和死神是兄弟关系。然后梦神出现了，梦神不是一个，而是好几千个。当梦神降临的时候，他会到每个人的脑袋里给你不同的梦境，让你感受不同的情绪色彩。这是非常浪漫主义的想象。

不管是东方还是西方的解读，都是我们人类尝试去理解梦的第一个阶段，认为梦来源于神秘的超现实力量，并且畅想它与现实生活有某种关联。

到了第二个阶段，我们开始慢慢意识到需要用更科学的视角来了解梦。这个时候弗洛伊德出现了。

法国哲学家萨特曾说过：影响整个人类近现代文明的是三个犹太人——弗洛伊德、马克思和爱因斯坦。

他们从三个维度上把我们带到科学的时代。爱因斯坦代表的是人类对外部的物质世界规律的认知，马克思代表的是人类对外部的人与人之间关系规律的认知，而弗洛伊德代表的则是人类对内部的探寻开始了。从弗洛伊德开始，人类对心、脑背后的客观规律的探究，开始进入初期阶段，把梦跟自我，而不是跟神联系在一起。

每一个文明发展到什么程度是有几个基本指标的，其中很重要的一个指标叫"脱离蒙昧"。**脱离蒙昧的第一步就是要把这个世界的解释权从神的手里挪到人的手里。**

中国人完成这一步是在先秦时代。在这之前，其实有一个非常重要的身份叫"巫"，巫这个身份在中国历史上是很独特的，夏、商、周时期，天子要作出重要决策的时候，一定要先问一问巫，因为巫能与神沟通，从而得到神的旨意。先秦时代，巫这个身份慢慢没落，就意味着神的解释权逐渐从历史的舞台上退下来，而人站出来了。所以我们看到先秦诸子百家，儒家、道家、法家、墨家，虽然观点各异，但细想来，全是人说了算，是人在思考仁义礼智信，思考社会的基本结构关系。这个时候，人对超自然的力量的臣服就结束了，我们也脱离了蒙昧，进入一个新的时期。

对于梦的理解同样也有一个"脱离蒙昧"的过程。

弗洛伊德标志性的意义就在于他告诉我们：梦其实是我们心理的活动。他把梦的解释权从神那里拿了回来。

他从心理学的角度提出了本我、自我、超我，提出了意识、潜意识和无意识，这个解释人类心理感受的框架是一个巨大的创新，影响至今。

他认为梦是我们潜意识的投射，有一些欲望日常没有满足，压抑在内心深处，我们就会在梦境里满足它，用做梦的方式来回观。

比如很多人都梦到过找厕所，醒来时发现原来是真的要上厕所了。这就是被压抑的欲望在潜意识里被表现，同时躯体有了反应。

弗洛伊德完成了精神分析初期的连接。当然，这个连接里有很多部分是非常有价值的，也有很多部分由于其不可证伪性被认为是一些迷茫的狂想，而非科学的推断。

科学的推断要留给现代脑科学，这是我们了解梦的第三个阶段。

脑科学领域得出的结论是：梦是一种主观的感受，它是大脑在应对某些脑电波刺激时所呈现出的声音、图像、情感。

其实我们对外部世界的所有认知，都是大脑皮层对我们所接收到的脑电波讯号的解读。比如听故事，本质是我们接收到了一种频率振动的讯号，传到鼓膜将其放大，再传递给耳蜗，耳蜗上的听觉神经又将讯号传递给脑细胞，脑细胞对这些讯号进行了解读，提取中间的信息，故事里的意象被成功接收到，然后又被重新复刻。这其中有一个解码、编码的过程。从这个意义上讲，一切的客观最后都是变成主观之后才被我们认识到的。

哲学家希拉里·普特南在《理性、真理与历史》一书中提出了非常知名的"缸中之脑"的假设。假设此时此刻一个人的大脑放在一个缸中，接上了无数的电极，接入讯号，能看到光线的反射，能听到声音，能感受到皮肤的触感，那么这个大脑能不能发现自己其实只是在接收电波讯号的刺激，而并非身处一个真实世界呢？结果是迄今为止，还没有办法用一种方式让这个大脑发现它只是身在一个假的电波的世界。

如果真实世界是能够被转化成电波讯号，从而被缸中之脑复现，那么我们能不能造梦？

即便不是那么精准地去复刻梦境，我们能不能引导梦境？

如果有一天科技真的能够帮助我们主导自己的梦境，这个产业规模简直不可限量。

毕竟，谁不想做个美梦呢？

我们都是追梦人

你的梦想是什么？

现在大家听到这句话心里多半会咯噔一下，觉得接下来是不是要来一碗鸡汤煽情了。"梦想"这个词好像变得越来越娱乐化了。

但因为我在高校，接触很多孩子，明显地感受到了这些年来孩子们面对梦想时的变化。

"90后"的孩子，面对这个问题，可能三分之二会很茫然。多年的应试教育让大家的目标就是拿高分，考好大学，考上大学之后呢？蒙了。

但是"00后"的孩子，被问到"你的梦想是什么"，一半以上能清晰地说出两三件事，电竞、传媒、体育……他们很清楚地知道自己想要做什么，并且他们不会第一时间去想薪资多少，而是会优先尊重自己的心意。

这也导致了企业在面对这一代年轻人时在组织管理上有快速迭代的要求。现在这些企业到高校去做校招，造梦宣讲特别重要，一定要把薪资、股权、期权这种物质欲望的刺激挪到第二位，而要把价值感召放在第一位。我们是因为同一个价值观，向同一个远方奔赴，才聚合到一起，接下来再来谈务实的部分。

当然，我们不能把一个群体标签化，说"00后"的孩子都只为梦想而活，但我们确实在他们这一代身上看到了变化正在发生。经济发展到一定阶段给了年轻人空间，他们不是只盯着物质的回报，而是在思考我这辈子如何能有一点意义。这肯定是一个巨大的进步。

回到我自己的梦想，少年时我的梦想是做一名天文学家，可能每一个孩子都有一个喜欢仰望星空的童年，我也不例外，我小时候特别喜欢看关于外星球的科幻电影，天天琢磨着是不是真的有外星人，如果有的话他来了我第一句话应该跟他说什么，要用什么样的手势、动作来表达我并没有恶意？这个梦想一直持续到高中文理分科时，我选了文科，跟这个梦想挥手作别。

有一次在浙江卫视录制跨年演讲，遇到一位研究人工智能的科学家，当时聊的话题是"你心目中2050年的样子"，他问了一个问题：假设现在有一张去火星的单程票，你会去吗？如果我们人类需要第一批人去火星上做开拓者，但是有去无回，去了需要一直在火星，待到生命的尽头，你愿不愿意去？

我很认真地想了这个问题，然后我的回答是：我愿意。

当这个答案冒出来的时候，我也突然意识到：我们总以为儿时的梦想在长大成人后就不见了，但也许它从未真正离去，只是在心里，变成了一颗埋得很深很深的种子。

德国有一个心理学流派叫作"完形心理学"，它有一个观点，我们每个人的童年就像一个大拼图，没有人是完整的，当中一定会缺失一两块，而童年缺失的那块拼图会成为你接下来的人生排序里非常靠前的价值目标，它会指引你想要去追逐的方向。

如果你童年时期非常缺乏安全感，那么在日后的感情生活中，安全感都会是你价值排序里第一看重的。如果你在童年时期缺乏财富，那你这一辈子对于财富累积的欲望可能会是无穷尽的。

从这个意义上说，当我们问你的梦想是什么，其实不如问你的童年里最缺什么。 20 世纪六七十年代，童年最缺的当然是财富，那么这一代人长大后终其一生可能都在追逐财富的不断累积。到了 20 世纪八九十年代，童年最缺的可能是自由，在应试教育环境下成长起来的这一代人，在工作中把对自由的价值追求变成了首位。

每一个人童年的缺失将会是这个人一生的路标，而一代人的童年的某种社会性的匮乏，将会成为这一代人共同的价值动力。

这么一想，我觉得自己这辈子还是有机会踏上火星的土地的。

有一个梦想很容易，但是追一个梦想很难，很多人追着追着半路就熄火了。那往后退一步，梦想如果有些遥不可及，聊聊理想是不是更脚踏实地一点？

理想是我们在生活中拼尽全力去靠近的，而梦想可能是我们放在心里想一想，有机会咱就实现一下，实在没机会这一辈子也不会觉得很遗憾。

接下来的十年，你的人生理想是什么呢？

对于我而言，有三件事情很重要。也许其还不够格称之为理想，但可视之为现阶段我的人生追求，那就是"健魄、真知、净爱"。

排在首位的当然是身体。健康的体魄无可取代，所以规律的健身和丰富的体育爱好是必不可少的，健康阳光充满力量的身体和精神状态是实现其他一切梦想的前提。

　　第二位就是真知。吸收知识，对它进行质疑，并且不断地追问，又遇见新的知识。追求这种真知带来的冲击，是一种持之以恒的享受。

　　真知的本质就是我们对所处的外部环境的了解不断地加深，这是我所理解的来人间一趟的重要目的之一。你看到树叶是绿的，如果仅仅停止在接受了这个波段的光波，是多么遗憾的事情。你就不好奇它为什么会是绿的吗？为什么没能进化成紫色呢？光合作用是怎么发生的？未来一直将会是绿色吗？这背后有那么多的脉络延展开来，**每一个表象下面有具象，每一个具象下面又有本质，本质下面还有深层的规律，规律又永无止境地被建构、重构、解构，颠覆又螺旋上升。去追求这些真知的过程本就是人生中极享受之事，它不需要变现，也没有功利目的，让大脑保持高速运转和邂逅顿悟的状态本就极愉悦**，这里有我对自己的取悦和对世界的诚实。

　　最后就是纯净的爱。我希望我的人生里有纯净的灵魂与灵魂的链接。**有一些生命我能理解，有一些生命能理解我，还有一些生命即使完全无法理解，却依然能在彼此的世界里放出烟花，一瞬炸裂，这些时刻都会让人确认自己在这世上并不孤单。**这里面有亲情、友情、爱情，还有无法用如此笼统的分类方法归类的情绪感受，重要的不是类别，是纯净的质感。它关乎直觉、关乎炽烈、关乎美，它是尼采笔下的酒神，它超出感性、知性、理性的边界，归属于灵性的范畴，它是与任何物质指涉无关的精神链接，它是在消费主义商业文明席卷一切、理性主义人工智能异军突起的时代我作为人类最后的小小倔强。我不想整个生命历程都屈从于目的，都迷失于效率，我想给超越性的人的"灵魂"保留一方小小的后花园，用以盛放最纯净的灵性的相遇。

我之前打过一个辩论题目——离开了一切束缚的人生，你想不想过？

我们在打这道辩题的时候，首先要明确一件事儿，我们的人生到底有哪些束缚，然后才能去看有没有可能一一突破。

最后我们把人生的束缚归为四个类别。

第一层就是生物性的束缚，我们作为碳基生物，有生存的欲望，要吃要睡要喝，要拥有更多的财富。这都是生物层面的束缚，相对而言是好突破的，某种意义上社会的发展就是让这些生物性的束缚越来越少。

第二层束缚是社会意义上的，诸如法律、伦理、道德规范，这些社会性的束缚约束着我们的行为，给我们划定底线，这一层束缚随时间和文化背景而不断变动。

第三层束缚是物理层面的。我们生活的外部世界其实是有边界条件的。我们的速度永远无法超过光速，温度永远无法低过绝对零度，能量永远无法连续，一个粒子的动量和位置永远无法同时测准，等等。这是我们现在所处的这个宇宙的边界条件，这些物理极值就像是某款游戏的初始设定，我们只能在这个游戏规则里玩要，如果有一天能挣脱这些束缚，成为物理意义上的神，这样的未来也是值得畅想的。

最后一层就是逻辑律的束缚。我们对外部世界的一切认知都是在逻辑结构下推演出来的，我们整个科学体系必须要有公理，要有预设，要有猜想，要有在一定论域下严格的论证，论证要符合基本的逻辑规范，要按照大前提小前提结论来完成推导，这些逻辑律是先于这个宇宙的存在而存在的，它不是因我们对外部世界的经验总结而来，它先于所有的总结，是所有总结的出发点。它是先验的，而非经验的。哪怕有一天宇宙中一切物理边界都被突破了，哪怕我们遇见了全知全能的上帝，他依然会在"能否造出一块他自己都举不起的石头"这个问题前停下脚步。

如果我们挣脱这一层束缚，人才是真正意义上的全然的神。但那个世界是不可想象的，因为它超越了逻辑，因而就没有了逻辑，所以你没办法去想象，因为即便想象也基于逻辑。

这四层束缚——生物意义上的、社会意义上的、物理意义上的、逻辑意义上的束缚，一层一层地构建起了我们所处的生物环境、文化环境、物理环境和逻辑环境，这些环境统称为：客观环境。没错，"客观"就是我们最大的束缚，就是束缚的本质。当你脱离了一切的束缚，客观就不再存在，起心动念、一切已实现，那是仅存于主观世界里的畅想。**只要客观世界存在，对人的束缚就存在。**

唯一没有束缚的世界就是主观世界，而主观世界的具象就是梦境。印度教有种说法，说人们所处的整个宇宙都只是创世之神梵天的一个梦。人们都活在他的主观里，他一起心动念就在人们的世界里已然实现，这才是真正的超神级的存在。

为什么造梦机迷人？因为造梦机提供了一个可以摆脱一切束缚的可能性，你可以随心所欲地创造一个梦境，做你纯粹主观里绝对的神。可以创造一个脱离法律和伦理的梦，也可以创造一个脱离物理性的梦，可以梦里超光速、时间倒流，甚至变成一个电子、一个反物质，甚至还可以试图在梦里挑战一下逻辑律，要知道在真实世界的梦境里，想象力也会有边界的：你永远无法梦见一个你从未见过的颜色，梦也是需要客观世界的信息元素作为基石的。可造梦机有边界吗？——谁知道呢？

如果有一天造梦机能让我们在梦境里肆意地突破逻辑的束缚，每个人都是自己梦里无所不能的存在，在梦里肆无忌惮地拥抱着绝对自由，各位，你愿意永远沉浸在梦里，以脱离真实和客观为代价，永远过着这种脱离了一切束缚的人生吗？

有聊

酒

酒醒了,人还是人。

喝酒，你是为了取悦谁？

"我干了，您随意。"

这话想必大家都不陌生，你要么说过，要么听过。

一仰头，一抖腕，酒杯就见了底，中国人对白酒的喜爱可见一斑。

2019年曾有过一个调查，在中国的酒友里，喜爱白酒的人占到79.1%，对比其他种类的酒遥遥领先，几近"封神"。

而且，中国的酒友们还特别钟爱高度烈性白酒。

我妻子是土家族，她们家乡流行喝一种"苞谷烧"，由玉米发酵酿造而成，动辄六七十度。在她们那儿，经常是吃着火锅，发现酒精烧没了，就随手拿起桌上的苞谷烧往炉子里倒，点上就可以继续烧了，直接当酒精用。我国北方甚至有种烈性白酒叫作"闷倒驴"，驴都一闷就倒，何况是人？

问题来了，你给我喝这个酒，是何居心？

在全世界范围内，喜爱高度烈性白酒的国家和地区越来越少了，现在除了中国，还有日本和韩国，以及俄罗斯。

我一直在想，喜欢烈酒的这几个国家是不是有某种文化共性，因而催生了这样一种饮酒偏好。

烈性白酒文化某种意义上是一种权力文化的表征。俄罗斯的前身是苏联,再之前是沙皇俄国,社会阶层分化较为严重;而中日韩都隶属儒家文化圈,对君臣父子、长幼尊卑的等级观念非常看重。

在我国古代,礼不下庶人,刑不上大夫,什么人用礼来约束,什么人可以免于刑罚,本质上都得看你所处的阶级的位置。对于平民要用刑罚来管束,而贵族则用礼法去约束,实际上这就是一种等级关系。这种等级关系背后依托的是某种权力结构,而这种权力结构必然需要展现其力量的场合,需要外化成某种具体的符号来拱卫它。

还有什么比酒桌上的烈酒这种符号更好的呢?

还有什么比毫不犹豫地饮下一杯烈酒,来更好地表达臣服与忠诚的呢?

以适度且可控的,对身体的伤害。

"我干了,您随意",这是一种内嵌着强烈权力结构的话语表达,它就是一个权力场的鲜活再现。因为它其实是在表达:我知道它不好喝,我知道它烈,我知道它烧我的喉咙,我知道它能闷倒驴,可哪怕是这样,只要您一句话,我愿意干!

酒桌上讲座次,酒文化里讲位置关系,这就是一种强烈的人身依附关系,带着鲜明的权力特征,让上一个位阶上的权力拥有者由衷地感到舒爽。

除了权力属性,白酒还能表达忠诚。这也是很多人明明无法体会到白酒的美好,还要龇牙咧嘴跟人干杯的原因。我们在一个酒桌上,我们一起干痛苦的事情,一起龇牙咧嘴,这份友情多么珍贵！这本质上是以一种牺牲精神来确认一段社会关系。今天这么难喝的酒，你让我干了我就干了，如果明天要上战场了，我就是能为你两肋插刀为你牺牲的那个人。

所谓酒品见人品、酒场如战场，就是这么延伸出来的。

有趣的一点是，尽管白酒在我们的酒文化里仍然占有绝对性的支配地位，但身边年轻人的喜爱已经开始悄然发生改变。喜欢烈性白酒的人开始少了，喜欢低度酒的开始多了，从60多度降到42度，大瓶改成小瓶，很多主打年轻人消费群体的酒品牌在宣发上也精心设计，将文案跟"社畜""单身"扯上关系，酒被赋予更社会化更年轻态的标签符号。也有很多"80后""90后"的人开始喝威士忌、红酒、香槟、朗姆酒、白兰地、鸡尾酒，年轻人的选择越来越多元化。

其实，喝什么酒、怎么喝，归根结底是取悦谁的问题，而现在这个问题似乎有了不同的答案。

如果说之前那种"我干了，您随意"的喝法是为了取悦权力、取悦上级，那现在的年轻人可能更倾向于取悦自己。

那怎么取悦自己就是一个全新的命题了。

喝酒有没有肌体上的享受？当然有。

酒精带来微醺的感觉，面部微红，额头微汗，酒精带来的醉意在颅内流转，大脑皮层的舒张能让我们短暂地释放压力，这是一种感性的复苏和回归。

当然，也有烈性白酒的爱好者说，低度酒已经无法激起他肌体的反应，就喜欢喝烈性的高度的白酒来完成这种自我享受、自我愉悦，这当然也是美好的体验。

除了肌体上的享受，很多年轻一代的朋友开始喝酒，也是在追寻一种知识层面的拓展和丰富。尤其是在跟酒相关的知识层面上，这种不断地延展所带来的满足感，同样是一种精神上的享受。

比如喜欢喝红酒的朋友，可能会讨论产区、年份、葡萄品种、酿造工艺等；喜欢喝威士忌的朋友，会讨论酿造的方法，是单一麦芽，还是混合调制，用的是什么酒桶……聊一聊，酒的背后全是故事。

这是有知识门槛的，带有某种超越性的需求，不再是单纯追求肌体的快感，也不再依附于权力关系，而是在取悦自己和丰富自己，酒带来的社交属性也大有不同。

所以，随着不同代际、不同圈层的酒文化的变迁，每一个群体对酒的理解也有巨大的差别。

回到喝酒是为了取悦谁这个话题上来，我们不能一以贯之用酒的种类和度数来区分，而可以考虑用喝酒的氛围来区分了。

喝酒的时候说什么话？用一种什么样的姿态？是平等的、尊重的、交流的、愉悦的、悦己的姿态，还是谦卑的、谦恭的、带有等级观念的姿态，这决定了我们喝酒到底是在取悦谁。

而无论做任何事情，只有最终是为了取悦自己，它才长久。

酒是我们的来处

为什么酒在社交中如此重要?

因为酒是社交中一个非常好的柔化剂,它可以柔化掉人与人之间的间隔,柔化掉那些面具的或者僵硬的部分,激发我们最感性的最原始的一面。

酒神这个词在西方文化中是一个至关重要的概念,尼采就无比推崇酒神,他认为酒神代表了一种原始精神,是一种原始的信仰。

古希腊神话中,酒神狄奥尼索斯管的领域极其繁多,且高度相关,他管酒,同时也是植物神、繁殖神、欢乐神。把这几个意象联系起来,我想到的是原始的人类围在篝火旁,一边喝着自己酿造的酒,一边跳着舞,尽情狂欢,然后发生很多很多浪漫或激情的故事。

这些故事都有一个共性:抛却理性,回归原始。

这也是尼采为什么那么推崇酒神的原因,它象征着强劲的原始生命冲动,想打破一切秩序,在忘我和纵情中挣脱现实的重重束缚,尽情享受永恒的生命狂欢。

从这个意义上,我以为,酒是一条回家的路,昭示着我们的来处。我们用几万年的时间进化出理性、科学、规则、约束，我们对世界、对自己的掌控力得到提升。但那么多外在的禁锢，像五指山似的重重地压迫着我们，我们想要挣脱这种枷锁，我们灵魂当中一直有隐隐的缺失和反叛的冲动。

而酒让我们的大脑皮层从边缘系统开始一点点被麻痹、睡去，只激活人脑中掌管与理性思考无关的蜥蜴脑，回到我们最原始的那个状态，回到我们灵魂中隐隐缺失的，一直在召唤的，潜藏的渴望。

酒就是一条短暂的带我们回家的梦境之路。在那一瞬间把我们拉回过去，去感受最原始的生命本真的状态，它指向我们的来处。

然后，**酒醒了，人还是人。**

这非常酷。

酒神这条回家的路，就是让你短暂地回到最原始的过去，让你的整个身心找到一种久违的静好和温暖，但却并没有失去人之所以为人的尊严和荣耀，你还是能回来。

这也是为什么直到今天，我们在生活中，在社交场合中还是需要酒，需要借助酒帮助我们把外在的东西放下，短暂地逃离。

这也能解释我们国家以及日本、韩国对烈性白酒的需求，越是工作压力繁重、包裹得比较紧的地方，人们想要打开自己就越难，就越需要烈性酒来激发，对回到原始时代那种无差别的、没有分别心的状态也就越向往。

有意思的是，酒后放纵的指数，跟日常生活中自我控制的指数几乎是成正比的。比如平时以绅士严谨著称的英德，诞生了很多酒后荒唐的足球流氓；平时礼貌恭敬的日本人下班之后就去居酒屋喝得醉醺醺；等级森严的韩国，人们喝完酒经常打架。

酒后到底释放到什么程度，取决于之前压抑到什么程度，而之前压抑到什么程度，站在历史的角度来讲，取决于人所处的社会位置。

在中世纪的欧洲，葡萄酒和啤酒代表不同的阶层。葡萄酒有着非常复杂的酿造方法，有着红宝石般的神秘色彩，口味也比较复杂，需要慢品，是贵族阶层的象征。而啤酒由大麦的麦芽发酵酿制而成，而大麦在中世纪是喂马的饲料，贵族阶层是看不上的，因此啤酒是劳动人民的最爱。后来有了威士忌，威士忌也是大麦酿造的，但是威士忌也有复杂的酿造方法，并且有一个重要的工序，置于橡木桶中陈酿，五年、十年后就有了复杂的香气，一下就跟啤酒区别开来，贵族人群也开始喝起来了。

我们在很多影视作品里也看到酒与身份、社会地位对应的表达。比如那句最有名的"一杯马天尼，摇匀，不要搅拌"，大家一听就知道这是007的专属台词，这不仅彰显邦德的身份，更是对他考究生活、特立独行的一种旁证。

看起来是酒，其实背后有财富话语、阶层话语，甚至文化体系上的差别。

我对威士忌稍微有一点了解，是因为村上春树的一本书——《如果我们的语言是威士忌》。村上春树和爱人去了苏格兰的艾莱岛，那是出产威士忌的圣地。他们一路玩一路喝，逛遍岛上各种不同的酒厂，喝遍岛上不同品牌的威士忌，他们吃饭的时候，把生蚝打开，然后把威士忌直接淋在上面，一口下去鲜美得不行。

那些酒馆里面的气氛和人，带给村上春树无尽的回味。

在某个酒馆里，村上春树目睹了一个 70 岁光景的老人旁若无人地喝掉一杯威士忌：

"老人把威士忌拿在手里，静静地端到唇边。没有兑水，也没要酒后水。酒馆里十分嘈杂，但看样子他几乎不以为意，也不像多数人常做的那样靠着柜台回头四下打量。那里存在的，唯独他和他手中的杯。纵然酒馆里除他再无客人，想必他也毫不理会。"

这是真正的享受酒的状态。

村上春树写道："如果我们的语言是威士忌，当然就不必费此操办了。只要我默默递出酒杯，您接过静静送入喉咙即可，非常简单、非常亲密、非常准确。"

看完之后我在想，假如我们的语言是威士忌，那这世间所有的话都情绪浓郁、直白浓烈。我突然意识到，**酒中有我们对来处的向往，有我们心灵上直觉的契合，这归根到底都是对自由的追求。**

当你走在买酒的路上，为了遇见酒的每一步都是自由的，你喝下去是自由的，你的身体回归到了离自由最近的状态，灵魂甚至有的时候都快要飞起来了。

花看半开，酒到微醺。

微醺，就是对即将起飞的那一瞬间的最诗意的描述，那也是整个灵魂最靠近自由的一瞬吧。

她爱微醺

有人爱微醺，有人喝断片。

爱微醺的爱它的自由，爱断片的爱它的放纵。

喝断片基本是两种情况，一是被迫的，一是自找的。被迫喝到断片肯定是因为处于一种没法拒绝的权力结构当中。而自找的非常有趣，也没人逼他，他咔咔给自己满上，把自己喝到第二天醒来"我在哪，我是谁"。这一类基本上是生活中没法活出自我的人，他们的精神长时间处在比较压抑的状态，不善表达，家庭或其他外部环境也没有提供让他表达的渠道，身边无人相知，所以只能找酒神倾诉。

何以解忧，唯有杜康。

喜欢喝酒的还有一类人，那就是文艺工作者。酒和文学艺术这种伴生的关系延续了数千年，李白斗酒诗百篇，"喝醉了写，酒醒后改"的海明威，张旭大醉后"以头濡墨，一甩而就"，还有与苦艾酒做伴的凡·高。

搞文艺创作的人最痛苦的事情就是灵感的不可预测，所以总要寻求某种通灵的路径，酒无疑是一条去往迷狂甚至癫狂创作状态的最好通道。

现代嗜酒如命的作家有古龙先生，据说他每天只做两件事，不是写武侠就是喝酒，几乎天天喝断片。古龙先生后来因酒患上肝疾，40多岁英年早逝，甚至在棺材里放了几十瓶XO陪葬。李宗盛后来写过一首《笑红尘》的歌，可以说是古龙先生一生最好的注解："来生难料，爱恨一笔勾销，对酒当歌我只愿开心到老。风再冷不想逃，花再美也不想要，任我飘摇。天越高心越小，不问因果有多少，独自醉倒。今天哭明天笑，不求有人能明了，一身骄傲。歌在唱舞在跳，长夜漫漫不觉晓，将快乐寻找。"

同样喜欢寻找这种快乐的，还有越来越多的都市女性。

有调查显示，目前酒水市场正在快速地年轻化，特别是在出生于1990—1995年这个年龄段的人群中增速最快。有意思的是，这个人群中女性消费者甚至超过了男性。

这打破了我们原有的认知，过去一说到酒，大家都觉得是男性在喝。原因一是男权时代，大家只记录在男性身上发生的事儿，二是过去酒没那么容易获得，没有经济地位的女性缺乏购买的能力。

但是随着女权意识的觉醒，女性在社会生活中的角色越来越重要，女性开始饮酒，这是一个必然。我甚至觉得，酒所象征的直觉、感性在某种意义上离女性的世界更近，这种气质更为契合。酒神所描绘和抵达的那个世界，至少在当下的文化背景下，离女性的世界更近一些。女性更向往它，更懂憬它，更有进取的动力，完全合理。

  还有一点，随着不婚独立的女性越来越多，女性的生活半径不断放大，她们取悦自己的方式也越来越多元，喝酒只是其中一种。我们在影视剧中经常看到，但凡是独自在那饮酒的女孩，多半是一个大女主的形象或者独立女性的形象。一个单身女性喝酒，某种意义上也意味着她对生活的整体掌控力非常强，想喝就喝点，享受这个过程，想停就停下来，别人也不能逼她，不会给自己带来无法弥补的后果或者伤害。

  这样的微醺，谁不爱呢！

有聊

辣

辣是轻微的可控的痛。

辣是轻微的可控的痛

辣椒作为一种香料，其价格曾经因为稀有堪比黄金，痴迷于控制香料市场的西班牙和葡萄牙贸易商在巨额利润的驱使下将辣椒传播至世界各地。

辣椒于明朝末年（16世纪末）通过海路正式传入中国。辣椒最初传入中国并非作为食用植物，而是作为一种观赏植物。汤显祖的《牡丹亭》中曾经列举了38种花名，其中就有辣椒花，这也佐证了辣椒曾经作为观赏植物盛行于中国的事实。

作为外来物种，辣椒原产于美洲，国人古称番椒、海椒、秦椒。我们对外来物种（主要是食材）的命名其实也经历了一个非常有趣的过程，有非常鲜明的历史年代的痕迹。换句话说，通过外来物种的名字，我们能够感受到它的前世今生。一般来说，唐宋以前，对于外来食材的命名，我们都会在其原名前加一个"胡"字，如胡萝卜、胡椒、胡瓜等。唐宋至明清期间，外来食材的名字之前都会加一个"番"字，如番茄、番薯、番石榴等。及至近现代，外来食材的名字前一般都会加一个"洋"字，如洋白菜、洋芋、洋葱等。你看奇妙不奇妙，名字里自然留下了时间的脚印。

从观赏植物到食材,最先开始尝试吃辣的是贵州地区的人。究其缘由,贵州因本地不产食盐,只能从四川买盐,加之运输路途艰险,导致盐价居高不下,甚至有钱也难买到盐。由此,本地居民独创"以辣代盐"的解决之道。辣椒易种又高产,穷苦人家于门前屋后随便种几棵辣椒,就能提供足够的味觉刺激,同时达到盐的调味效果。正因如此,食辣习俗最早在贵州得以养成。

虽然食辣最早在贵州,但以辣闻名的川蜀后来居上。今天但凡提及川菜,想必大部分人的直觉都是:麻和辣。事实上,具有2000多年历史的川菜,吃辣的历史仅有三四百年,吃麻(辛)的历史却要长得多。无辣不欢的川蜀人民早在辣椒成为川菜的主力军之前,就已经发掘出多种辛辣(主要是辛)口味的调料用以解馋。花椒就是其中之一。

四川是花椒的重要产地。非但四川,早期整个中国都普遍爱吃花椒,连花椒叶都用来做茶和菜,后来吃花椒的地方越来越少,如今只有川蜀地区还保留着这种饮食习惯。从某种意义上说,川菜的麻辣本色,实际上是外来辣椒与本地花椒碰撞出来的味觉火花。

到现在,辣椒已经全面入侵了中国绝大多数地方的菜谱,甚至在海外,想吃到地道的淮扬菜、粤菜可能很难,但是吃辣,你可以轻松拥有。

中国地域广博,各个地方的口味本有着极大的不同,有些地方甚至称得上刁钻,为什么无一例外地臣服于辣,根源可能就在于辣所提供的那种轻微而可控的痛感。

辣椒，因为吃起来很辣，所以很多人顾名思义地认为辣是一种味觉，其实不然，辣是一种痛觉而非味觉。辣是由于辣椒素等刺激末梢神经的痛温觉而引起的烧灼感。这种感觉不但会出现在舌头、口腔内部，在皮肤、眼睛等身体的部位都能感觉到。而味觉是味蕾感受到酸、甜、苦、咸、鲜等味道，经过感受器传入中枢神经至脑中枢而引起的。这种感觉只有味蕾才能感受到，身体其他部位是感觉不到的。

因此，食辣时这种轻微的可控的痛感，能够帮助食辣者缓解压力，可能就是辣如此让人迷恋的原因。

痛感是一种人类赖以生存的感觉。从某种意义上说，人类进化出痛感是高阶智慧的标志。因为痛感是一种防御机制，就是当你受到伤害，或是将要受到伤害时，身体就会向大脑发出警报信号，以便让你及时做出反应。它提示你身体的某个部位可能受伤或者在流血，需要赶紧处理，若不及时处理，有可能危及生命。一个感觉不到疼痛的人是非常危险的，痛感的消失意味着身体的整个防御机制的失效，意味着身体在受到任何伤害时，大脑都不能及时发出求救的警报信号。

人体不光能感觉疼痛，而且大脑在感受疼痛的同时还会分泌一系列化学物质来平缓这种痛感。这些化学物质带有补偿效果，它会提示大脑做出相应的生理反应。人类之所以喜欢吃辣椒，其实痴迷的就是这个补偿部分。辣是一种可控的痛感，按照科学的划分，辣度可以直接用数字量化。在你自己感到舒适的范围之内，辣让你产生一定的痛感，然后大脑皮层就会开始代偿而分泌化学物质，让人暂时地遗忘这种痛感，感受到愉悦。

人们迷恋辣椒，还有一个更哲学性的理由：痛感意味着存在。我们有时候需要疼痛来提醒我们的存在。就像判断你是否爱一个人，就是看你想他的时候还痛不痛。痛如果在，爱就在。

有人曾经问过安徒生：你觉得爱是什么？

他说：**爱的本质就是连绵不断的疼痛，唯一的解药是 TA 也爱你。**

所以当美人鱼爱上王子的时候，她宁愿将自己无与伦比的尾巴变成脚来到王子的身边，即使自己终生会行走在刀尖上，每一步都扎心地疼痛，她都在所不惜。只有当王子也爱上她的那一瞬间，这种疼痛才会解除，如果王子不爱她，她就会化作泡沫。

辣味入侵

我是一个美食爱好者，素来喜欢各种美食。但是，由于辣味的超强入侵性，如今中国很多美食都在被辣所覆盖和侵蚀，以至于我们很难再领略到其他传统菜系的本真和美好。

对中餐的名厨来说（这话可能会得罪部分川菜和湘菜厨师），他们甚至觉得过度用辣是在作弊，淮扬菜和粤菜的师傅尤其这么认为。淮扬菜求真，追求的是食材本真的味道，并不依赖调味之辣带来的虚幻痛觉。而粤菜的精髓也是激发食材的本味，辣对它来讲简直是一种干扰。

其实粤菜和淮扬菜是有渊源关系的，粤菜是淮扬菜南传结下的硕果。北宋至南宋时期，大量的中原士族南迁至广东，当本地人问他们来自哪里时，他们不知道该怎么回答，如果照实说可能又要被追杀，因为那时候有很多的政治迫害，所以他们就说自己是来做客的，当地人就管他们叫客家人。这些南迁的客家人带着淮扬菜的手艺一路向南，最后慢慢衍生出了粤菜。

当然，对于湘菜和川菜师傅来说，辣是干扰这一点断然是不成立的，辣也是本味中的一部分。

跟西餐的生命扎根于艺术当中不同，**中餐扎根于记忆和情感之中**。西餐的菜品摆盘像一幅画，菜品搭配像一首诗。它的伴餐音乐和酒品饮料的选择，餐单与酒单的匹配，上菜的顺序，侍酒师的优雅，干冰爆发的气质和意境，所有的细节都非常的讲究。而中餐的美食一定是跟某段故事或者某个具象的人物抑或某一段情感经历相关联，感受在，这道菜就活了。许多传统的中华饮食中蕴含着非常多美好的东西,它跟我们的成长经历和生活情感深度融合。

享用一顿米其林法餐就像观看一部经典舞台剧,而吃一顿经典中餐犹如欣赏一部纪录片。

中餐既然扎根于情感连接的记忆中,对某些食材的态度,不同的地区注定有不同的差别。

因为记忆不一样,拍出纪录片的情感也不一样,你不能剥夺他们的记忆。川蜀人需要吃辣,因为四川盆地潮湿,吃辣祛湿;湖南人需要吃辣,因为那是妈妈的味道。

之前看到一则报道,民族品牌老干妈辣酱曾经有一段时间业绩下滑很厉害,那个时候老干妈本人已经退休了,接班人不知道如何应对这一不利局面,就去请教老干妈。结果姜还是老的辣,老干妈经过各个环节追根溯源式地检索,最后发现问题出在原材料上。老干妈退休之后,接班人为了节约成本提升效益,将原材料辣椒的进货地点由贵州改为河南,因为河南辣椒比贵州辣椒便宜。这个细微的变化,消费者的味蕾马上就感觉到了,导致老干妈系列产品的销量一路下滑。最后老干妈亲临一线,重整旗鼓,原材料的进货渠道回归贵州本地,老干妈系列产品的销量也出现了直线上扬的好兆头。

这也从侧面映射了中国消费者乃至全球消费者的挑剔口感,哪怕是风味发生细微的改变,大家也能敏锐地感受到,因为这种风味是跟记忆和情感深刻关联的。

很多人去国外旅行或者留学,都会随身带一罐家乡的辣酱，那几乎是对家乡全部的思念，一口进去就是妈妈的味道。

辣，最终是对烟火气记忆的凝结。

风味人间

"辣"勾起的强烈生理反应和其所映射的文化形象可谓深入人心。"辣"在多种语言里都被用来隐喻脾气火暴、热辣。

也许正是因为吃辣，才会使得食辣者对辣这种痛感的依赖性越来越强，对这种冲突性瞬间越来越迷恋。嗜辣不仅仅体现在口味的选择上，同时还体现在嗜辣者的性格和为人处世上——更倾向于追求刺激，更具攻击性和更易怒。

因而也有过这样的研究，显示区域性格与地区口味高度相关，尤其比较明显地体现在女性的性格特征上。比如，爱吃辣的川妹子、湘妹子都比较泼辣和直率，甚至还造成了蜀地男性的"耙耳朵"。而江浙一带的女性都比较软糯温柔，就像她们吃的菜一样走鲜甜风格。有意思的是，东北的女性也具备张扬直率的个性，但她们的这种泼辣并不是当家做主式的豪放，而是与男性形成一种呼应，在家你可以做主，但是在外面我放得开拿得住。相比于川妹子，这个性格特点不知道跟东北女孩不嗜辣有没有关系。

当然，从整个文化谱系的角度，云贵川不属于中原，在古代都属于比较偏远的地区，包括像泸沽湖等地区受遗留的母系氏族的影响会更大。相对来说，这些地区的女性地位比中原地区的女性地位要高一些。而东北地区包括山东，男权主义特点可能更为明显一点。

哪怕是都爱吃辣的湖南湖北，其所代表的湘楚文化和荆楚文化也有不同，他们对辣的喜好不同，导致其性格上辣的程度也是天差地别。

我以前是不爱吃辣的，吃辣是结婚以后的事情。现在觉得辣度只要控制好，我还是非常享受的。因为我老婆是土家族，经过这十几年的适应，我已经慢慢能领会到吃辣的乐趣。

土家族对辣椒的运用真可谓炉火纯青。土家族的主食材就两样东西：洋芋（土豆）和辣椒。他们可以拿土豆这一种食材做出土豆丝、土豆片、土豆汤、土豆泥等截然不同的三十几种菜，简直就是土豆界的满汉全席。而辣椒则是土家族饮食永恒的主题，他们那儿有句俗语：三日不食辣，心里就像猫爪抓，走路脚软眼也花。属实是无辣不欢了。

不仅仅是我在老婆的影响下慢慢改变了口味，我的孩子也没能抵挡住辣椒的强势入侵。2021年春节后，由于疫情，我们全家在长沙生活了两个多月。带着两个孩子，一个六岁，一个三岁，在此之前，俩孩子是从不吃辣的。可这是长沙，如果不吃辣，就只能光吃大米饭了。

记得刚到长沙不久我带着她们去吃费大厨辣椒炒肉，点了店内招牌菜辣椒炒肉，孩子的妈妈再三嘱咐，不要放辣，因为是给孩子点的。

三分钟之后，厨师拎着炒勺出来了。

"谁点的辣椒炒肉不要放辣椒的？"

"我们点的。"我慢慢地举起了自己的手。

"您是不是对我们的招牌菜有啥误解呀？辣椒炒肉，不放辣椒，你说这做得出来啵？"厨师气呼呼的。

"给孩子点的，孩子不能吃辣。"我再三解释。

厨师瞅了瞅坐在餐桌上的孩子，怏怏而去。

不一会，大厨耗费洪荒之力炒出来一盘据说一点也不辣的辣椒炒肉。

那个辣度，老婆是土家族都差点没扛住，更不用说俩孩子了。我尝了一口也直接投降。但奇妙的是，大概只用了一个月的时间，我们包括俩孩子就适应了炒蔬菜都放辣的长沙菜。现在我们家老大能用辣椒炒肉里面的肉拌米饭吃，一吃一大碗，倍儿香。还一直念叨在长沙的生活，盼望着再去喝杯茶颜悦色、吃盘辣椒炒肉。

在被后天的环境改变之前，每个人的口味偏好其实都来自妈妈的味道。**妈妈的味道奠定了我们对整个美食的认知，很多时候我们会下意识地觉得熟悉和亲切的味道就是美味。**

所以有的餐厅取名字也非常讲究，"外婆家"，一听就有小时候妈妈做菜的味道。

说起妈妈、外婆,她们还有一个身份就是丈母娘,我这里有一个搞定未来丈母娘非常便捷的方法论,供有需要的男青年们参考。

如果你感觉丈母娘这关不好过,那么最佳突破点就是去丈母娘家吃饭。吃完饭的那一刻开始,就是你的舞台了,一定要把自己当成主角。大家放下筷子准备起身,你就开始收拾。一定要有那种我的地盘我做主的自觉和自信。

这时候丈母娘一定会阻拦:放着放着我来。

你就让它像空气一样滑过,just do it。

丈母娘这时也不好意思让你一个人收拾,或者担心你收拾不干净,肯定会在旁边帮手。这就是你拉近关系的好机会,一边干活一边聊天,这个场子的气氛就很随意,不容易尴尬冷场。

洗刷完一定记得把所有东西都归置好,如果碗啊杯子啊上有 logo,一定记得朝同一个方向摆,这是黄金细节。你要做到即便丈母娘想重新整理一下,都没处下手。

如果做到这样,效果就到了。因为下一次你再来吃饭,你进丈母娘的厨房就有如闲庭信步,锅在哪儿,碗在哪儿,碟子在哪儿,了然于胸,就如同进了自家的厨房。

当这个画面铭刻在丈母娘心中的时候,你是这个家庭一分子的地位就奠定无疑了。**中国式家庭的这种血脉,其实就是从餐桌上蔓延开来的。**

有聊

国潮

文化自信的背后永远是经济自信。

国潮：给你点东方颜色

何为"国潮"？

我的理解，国潮是指具有中国美学气韵的一种潮流表现形式。它至少要具备两个要素，第一个就是要体现中国文化的审美基因，第二个要融合当下的时尚潮流趋势。国潮不局限于某个领域或某个形式，它应该是一个聚合体，是包括国产影视、文化类节目、消费品品牌等具有东方美学特质的中国风浪潮。

国潮确实是一个新的概念，我们突然对传统文化跟潮流结合，有了无比强大的自信，有了无比强烈的愿望。我们比历史上的任何时候都更加热切地希望在消费主义文明当中嵌入只属于中国的独特气韵。

我们拥有灿烂辉煌、源远流长的古代文明，曾立于世界之巅。可到了近代，随着鸦片战争的爆发，国家蒙辱、人民蒙难、文明蒙尘，中华民族遭受了前所未有的劫难，由此产生的落差感、虚无感可想而知。一个曾经做了一两千年第一的人，突然在一两百年里被当众欺辱，现在终于又站到了第二的位置，你能想象此刻的这种心情吗？

在实现中华民族伟大复兴的道路上，我们的民族自豪感、文化自信心比任何时候都更加强烈，希望世界看到崛起后的"中国力量"，这不仅指经济力量，还有体育力量、文化力量，甚至我们审美与价值观的力量，而这部分在潮流领域的表现形态就是"国潮"。

很多人把 2018 年定为"国潮元年"，伴随着消费主义盛行，一些带有潮流感的国货品牌回归人们的视野。比如国产运动品牌李宁带着潮流设计感回来了，"老干妈"等中国制造品牌畅销海外，获得追捧并迅速走红。越来越多富有传统文化特色的设计理念戳中了年轻人的审美点，获得年轻人的青睐。

在这之前，2016 年纽约时装周首次开设中国专场，标志着一直掌握主流话语权的西方设计界，开始真正尊重东方设计，这是非常具有时代意义的事情。在这之前，我们的文化一直被西方国家认为是一种具有异域气质的神秘主义文明，在西方世界始终处于客体和他者的地位。作为一种奇观审美，我们的文化元素更多的是一种点缀、一种借鉴和一种讶异，他们可以用青花瓷的某些纹路甚至用一两个中国篆书的字体，放在某件衣服或者包包的设计之上，但永远不是主体，更不认可东方文化也可以是一种有原生生命力的潮流形态。而随着纽约时装周中国专场的开设，西方设计师开始重新审视中国元素，将中国文化融入设计理念中，达到"你中有我，我中有你"的相互交融和相得益彰的状态。尽管这种融合还处于萌芽阶段，但是我们已经看到这种尊重和认同正在慢慢发生。平等不是现状，但我们至少一步步走向通往平等的路上。

我们正在一点点地重拾我们的文化自信。**文化自信的背后永远是经济自信，经济的自信和经济体量所处的位置决定了谁拥有定义美的话语权。**任何一个时代总会有一个国度或一个文明手中握着这个话语权，它一般是一艘经济来打底、军事为保障、文化为帆旗的出海航船，这就是价值观输出之船。在过去的两三百年里，审美主流的话语权无疑是握在欧美手中。随着东方的经济开始崛起，与之对应的艺术界的话语权，或者说在艺术领域的这种潮流的主导权就开始回归。

说到东方，我们其实可以看一看日本。20世纪六七十年代，日本经济走出战败阴霾，开启了强劲的复苏，之后带领着日式审美潮流快速崛起，川久保玲、三宅一生、山本耀司等设计师品牌大放光彩，深切地影响了西方设计界。乔布斯就深受日本美学的影响，因此也成就了苹果手机极简风格的设计，进而影响了美国乃至全世界的年轻人。

日本在过去几十年走过的路，跟我们的今天何其相似。但是我们中国的文化更加博大。严格意义上说，在整个东方文化语境内，日式美学算是中国美学延伸出来的一支，如果说这一支在经济发展到一定程度时所带来的艺术影响都已经如此巨大，那整个中华民族概念里所包含的艺术审美的深度和广度，一旦形成世界性潮流，将会是怎样的图景？

这是一个巨大艺术宝库的重生与复兴。

中华民族的美学文化具有极强的艺术包容性，这与其地域差异、民族差异、宗教差异和时代变迁密不可分，其中蕴藏了取之不尽用之不竭的文化财富，值得我们的艺术家深度挖掘，好好发力。

我曾主持过一档时尚文化节目叫《时尚大师》，其中最后一期收官大秀在故宫录制。我们选取御书房外的院子作为拍摄地点，节目组置景团队进场勘景后，惊喜又遗憾地说："无需任何场地布置，一切都再合适不过，几百年前的设计师和工匠已经为我们做好了一切设计。"这里的一砖一瓦、一墙一柱，所有的设计细节都可以被提取出来，为设计师提供新的设计灵感。无论是材质、色彩的搭配和碰撞，还是纹路、线条的组合和交织，每一处都充满了惊喜。

这一季节目的主题叫作"让世界了解中国色"，因为中国艺术审美的生命力，非常重要的一条根就扎在色彩上。我们每一期节目围绕一个色彩的主题来做设计，让设计师去展现这个色彩的前世今生，最后做一场主题大秀。

用哪个颜色做中国色的开头，导演组其实纠结了很久。红？中国红。黄？黄土地。最后选择了青。为什么？

青来源于中国五正色体系，青、赤、黄、白、黑，青是真正代表东方色的色彩，并且具有中国诗词歌赋里文人雅士的风情。这个颜色在国外翻译的时候只能译作"Qing"，因为

Blue 不是青，Green 也不是青，我们没法用调色板上的色值或是色卡上光的反射波段范围来具体定义和框定它，只能从传统文化，从诗词歌赋里去找寻青，找寻蕴含青的意境。

据记载，后周世宗柴荣时，烧制瓷器的工匠来请色，周世宗御批云："雨过天青云破处，这般颜色做将来"。结果差点把工匠给逼疯了，无数次的返工，无数次的等待，等到天气的温度、湿度恰好，才能正正好地烧出来一个天青色。

这里面所有的等待所有的希冀，创作的灵感跟自然的融合，都孕育着我们最古朴的对艺术的追求，它是时间的酿造，是慢工出的细活，是大自然的造物与人类的超越。

中国的很多审美元素是没法量化的，它不好工业化操作，也不能大规模推广，如果说之前这是劣势，那么在当下的消费时代，这就成了优势，因为它意味着私人定制，意味着无限可能，意味着你身上这件衣服的青跟其他所有人的都不一样的独异性，这是这个时代的消费文明的方向。

从这个意义上来说，经历了历史长河的涤荡，又契合了当下消费文明的走向，国潮的复苏势必爆发出惊人的力量。

从奇观审美到彼此仰视

随着国力的强盛，国人的民族自豪感和民族自信心也日益增强，表现在艺术领域上，就是我们对待中外艺术成就的态度和对之观赏的视角发生了很大的变化。近10年来，"00后"出国学习艺术的心态较之前"80后""90后"发生了很大的转变，"80后""90后"出国学习艺术始终保持一种仰视的姿态，存在一种攀爬感。而"00后"的心态就完全不同了：我来看看你们什么样儿，你们也来看看我们什么样儿。那种平等交流的状态又回来了。

这种转变的背后是国力的增强，是民族自信的重塑，还有非常重要的一点是过去几十年世界各地优秀的华人设计师所立下的功绩。正是他们对中国传统文化的守正创新，对独特东方神韵的深刻理解和诠释，才让世界看到了中国艺术之美。

比如知名的华人建筑设计师贝聿铭先生，苏州著名的文化地标苏州博物馆就出自贝聿铭先生之手，被先生亲切地称为自己的"小女儿"。在设计苏州博物馆时，贝聿铭充分运用中国元素，将中国水墨色彩和空间变化表现得淋漓尽致，蕴含了独特的东方美学和苏州地方神韵，体现了他对传统文化与现代设计理念相融合的追寻和探索。

还有世界闻名的时装和彩妆品牌ANNA SUI（安娜苏）的创始人萧志美女士，她凭借绝佳的流行触感和色彩触角，设计出色调大胆的彩妆和香水，尤其是精致奢华、优雅独特的黑色雕花容器，还有盒盖上精雕细琢的蔷薇花图腾，成为很多玩家的收藏品。萧志美最早学习西式设计,但她觉得西式设计理念和自己某些审美秩序是有冲突或差别的,在学习了西方设计的基本技法后,她开始尝试以自我价值和理念为核心,形成自己独特的审美设计风格。

《时尚大师》有一期节目以"紫色"为主题,请来了萧志美女士做嘉宾。她回国后曾在苗寨住了一段时间,希望把苗绣吸收到自己全新的时尚设计之中。与此同时,她认为苏绣也很美,同样值得学习和借鉴。但是她遇到了一个问题,就是大多数绣法是秘不外传的,师父只传徒弟,尤其是至关重要的那几针的技巧更是不外传的,所以即便是绣同样的图案,不同的绣工,最终呈现出的层次感、堆叠感、流动感都有着巨大的差别。不同绣法之间是有"门第"之差、是有阻隔的,那么这堵墙有没有打破的可能呢?

萧志美女士做了这样一件事情,她分别请来苗绣和苏绣的传承人,让他们彼此教授技法,看看互相教完后,会有什么样的效果。刚开始大家都不愿意,但后来他们还是突破了彼此的"门第之见":苗绣大师把最精湛的技法在苏绣大师面前完整地演示了一遍,然后苏绣大师也同样把自己最精妙的技法展示了一遍。双方都豁然开朗,不禁拍案叫绝,眼睛里充满了惊喜和兴奋:上千年来的神秘面纱此刻被慢慢揭开,"原来这里是这样做的"。萧志美女士决定把这两种绣法融合在一起,用在自己的产品设计里,大踏步地走向世界市场。这种全新的绣法,我们姑且称之为"华绣",它是一种重生,亦是一种突破，是中华优秀传统文化的传承和发展。

像刺绣这类的非物质文化遗产还有很多，它们躺在中华文化的宝库里，等待着属于它们的突破时刻。我真诚地期待更多的文化遗产被挖掘、被传承、被赋予新的生命。如果在未来，我们能不断地打破这种"门第之见"，可能将是国潮全面崛起的一个新起点。

创新的灵魂是自由

国潮的崛起除了需要审美上的自信，同时也需要对产品品质的自信。曾经中国制造好像是一个拿不出手的东西，10年前的 made in China 可能代表着山寨、低质。这也是工业化发展之路的必经阶段，需要模仿学习，甚至为走捷径而照搬照抄。但是中国非常快速地跨越了这个阶段，用很短的时间就实现了发展阶段的升级和跃进，现在中国制造不仅在质量上得到了世界的认可，还形成了自己独特的设计风格。很多国产品牌拥有了自主知识产权，在科研开发上投入巨大，取得了举世瞩目的成绩，在国际市场上占有了一席之地。

制造业大国似乎都要经历这样一个发展阶段，例如德国和日本。德国的制造业举世闻名，可以说是工匠精神的代表。而日本也是从学习德国起步，整个日本的工业是以德国为师，将德国严谨的工匠精神复刻到日本的工业基因中。日本的东芝、松下和德国的西门子有着非常明显的师承关系。这种学习和复刻为20世纪六七十年代日本的经济复苏立下了汗马功劳,其产品一度席卷了欧美市场。

到今天,我们中国的发展跟日本有相似的地方,我们都扎根于东方文明,拥有共同的文化谱系。中华民族拥有勤劳、勇敢、智慧等很多优良品质,形成了中华民族的独特性。但是我们也要承认我们在精细度、严谨度,尤其是逻辑性上,稍有欠缺,存在不足和差距。我们不断地探索和精进,但还是有一段艰难的路要走。

当然,国潮的崛起也离不开创新。

放眼当下的新一代年轻人,他们在创新方面是充满自信的,也是非常值得我们期待的。大多数"90后""00后"生活物质条件优越,各种教育资源丰富,有互联网的加持,以及父辈的奋力托举,他们没有太多生活压力,从小接受了良好的艺术熏陶,可以更加自由地追求自己所喜爱的东西。这就是一代又一代人奋斗积累的结果,也是大的时代环境造就的结果。所以,创新这件事是需要依赖社会土壤,也是需要时间的。

而其中最为重要的,就是自由。创新的灵魂是需要自由的,真正划时代的创新背后一定要有自由的天马行空的想法。**而自由的根基是发自灵魂的热爱,自由的背后一定要有热爱**

做持续不断的推动。热爱就意味着不能被外界所逼迫,必须要有内生性,要有足够的听从自己内心去行走的外部空间,所有被逼迫的时刻都是创新火花最黯淡的时刻。

要做到这一点,就意味着其他的社会问题比如生存的问题、面子的问题,要通过经济基础搭建、文化认知升级来给予足够宽松的外部环境。我们的父辈们和我们做了无数的努力,就是为了让我们的下一代拥有热爱和自由的空间来尽情地挥洒和创造属于新时代的创意。

从"60后""70后"设计师到"80后""90后"设计师,我们可以看到他们越来越具有国际范,在与国际时尚设计界的碰撞和交流中,从有距离感的对立的观赏,逐步发展为相互融合、尊重平等的欣赏。我们的下一代也将越来越国际化,他们一出生就在一个更加开放包容的全球环境里,从小接触了海量的信息,而非强制和灌输,使得他们更有能力去打破原来艺术审美领域的界限和禁锢,从而生发出更自由的自我表达和生命体验。

无论是东方的,还是西方的,不用去问这是哪个国家哪个设计师的作品,而是好不好看,如果觉得好看,就借鉴之、学习之,然后在生活中运用之。

不用担心中国的传统文化会在孩子们的世界里消失,我们的传统文化的审美是极具生命力的,**文化自信从来都不是苍白无力的口号,而是生长在现实生活中的各种细节里,这种根植于血脉的因子一定会在某些时刻反哺艺术的创新。**而在这样的环境里，在这样的起点上，在自由自在的灵魂中，我们的下一代充满好奇地成长起来，他们做出任何设计都是有可能的。

那个时候，也许就是国潮真正的复兴。

有聊

武林

止戈为武。

远去的武林

每一个中国人心中可能都有一个武侠梦，少年时幻想鲜衣怒马，除暴安良，行侠仗义，快意江湖。

我小的时候，也曾上过武术培训班，父亲送我去的，从幼儿园一直练到小学，直到初中学业压力渐大，才慢慢放下武术梦。

因为父亲自己是练武出身。他出生在湖北黄陂的一个农村，五岁开始习武练拳，学习各家的拳法。我们陈家也有自己的拳法，在各流派中也还有点地位，但因为父亲不是长子，排行老四，主要学的是王家拳。父亲年轻的时候经常去打擂台，18岁时招工去考了警察，20岁刚出头在整个湖北省警界人士比武中拿了第二名。也因为能打，他被选派到中央人民警察干部学校，成为中央警校第一届的学员。

所以某种意义上，我一直觉得自己也算得上是"武林中人"的儿子。但是非常惭愧，虽然我小时候也练过，小学时每天晚上都得蹲马步，直到初三以前每晚还得马步冲拳一百拳加练习一些简单步伐，但临近中考学业渐重，练拳这些就算是放下了，走上了从文的路子，没能继承家门，也没能继承父亲的衣钵。

传统武术到了现在，更接近于健身而不是防身，它的实战功用大幅削弱了。而在现代格斗当中，散打（踢拳）、泰拳，甚至跆拳道、截拳道，对实战的重视程度都会更高。

所以我们现在在网上也经常听到这样的声音：传统武术打不过现代格斗了。

这个结论有点太过绝对。在擂台还是在街头？有没有比赛规则？哪种规则？有没有裁判在场上？有没有时间和回合数限制？有没有围绳或者边网？在这些问题都没有确定之前，粗暴地判断一种习武方式必然战胜另一种，是一种稍显草率的断言。简单举个例子，如果上拳击台按拳击规则来搏击，戴上了拳套，那传统武术中的指、掌就都派不上用场，踢、摔自然也是不行，在擂台上自然很难赢过精研拳击的专业拳手们。即便是无限制级格斗，只要是体育赛事自然有比赛规则，传统武术里相当多的夺命技巧也无从施展。在体育规则内，针对规则每天进行十几小时挥汗如雨训练的专业运动员的优势是超乎想象的。

而传统武术其实是在漫长的历史过程中为街头、为实战打斗而生的，很多时候不是打胜败，而是打生死。事实上，传统武术在练习过程中，是需要在心中模仿很多实战细节的，很多拳法的动作都是脱胎于真实的格斗过程。像太极里的云手，本来就是一个标准的格挡动作，搂膝拗步，防踢加进攻。手挥琵琶也是个非常典型的反关节技，只是在漫长的演变和传播过程当中，慢慢变成了中老年朋友的健身动作甚至舞蹈动作了。

还有很多的传统武术操练，一定要配兵刃。它所有的动作，如果拿上一柄短刀或者一对短剑，你就一下都能理解了，为什么要这么来，这可能就是取人性命的动作。不同的武术种类配的兵刃不一样，有刀、剑、刺、小匕首、双匕首等等。可是把刀一卸，变成了拳头，就无法理解这个动作为什么要这样摆了。只用拳，自然就变成了一些花架子，打不赢散打和格斗也非常合理，因为散打一开始就没在拳头里握过其他的东西。

这是传统武术在传承过程当中的取舍。到了今天，传统武术最重要的并不是实战对抗，而是套路演练。套路演练最大的优点自然是好看，有观赏性，最大的缺点则是不经打了。而现代格斗不会去管打得好不好看，它把一切的繁文缛节都去掉了，留下的就是在规则内最终获胜的技巧、体能分配、战术安排、锤炼细节、诱敌惑敌，最后一记重拳或者一个漂亮的降服，"KO"（Knock out）对手。

哪怕我们并不是习武者，看到传统武术面对现代格斗落败的时候，都会有一种怅然：那本来是我们笃信了很多年，刻在骨血里的一种文化自信，然而在这个追求高效的商业化时代里，我们心中藏着的武侠梦，我们曾经向往的武林，好像就这样越来越远了。

在脑中的武侠世界和在眼中的武侠世界

1954年1月17日，当时只有十几万人的澳门，大约有两万人涌到一个体育场观看一场约架，一些社会名流包括当时的澳门总督都来了。吴氏太极拳的吴公仪对战白鹤拳的陈克夫，结果打了不到三个回合，比赛就结束了。双方在那互抡王八拳，所有人都看傻了，本来想看高手对决，结果跟楼下两个馄饨摊老板打架没什么两样。最后主办方宣布不胜不败不和。

现场有两个从香港《新晚报》过来的记者，他们让这一天被历史铭记了，变成了某个重要的转折点。一个叫陈文统，另一个叫查良镛。陈文统笔名梁羽生，查良镛笔名金庸。两位在澳门经历了这次事件后，就开始了武侠小说的创作，梁羽生先生开始写《龙虎斗京华》，查良镛先生开始写《书剑恩仇录》。从此，传统武术开始文学化，武侠小说这种文学形式也成为一个全新的文化流派，甚至是文化现象。

查良镛先生在武术文学化上起到的作用厥功至伟，他搭建了一整套全新的想象力划破天际的框架，在这个框架下，武术可以融入不同的时代背景，把它放在唐宋元明清各朝代中，那就是"飞雪连天射白鹿，笑书神侠倚碧鸳"加《越女剑》这15部小说；给它以不同的名字命名，就诞生了不同的武术门派、功夫名称，有内功心法，有外功招式——一套非常系统且有逻辑的武侠世界观应运而生。

那么在中国古代，到底有没有所谓的防身技法呢？

我觉得是有的。因为有刚需，仗剑行走江湖，本来就是很危险的事情，需要有傍身的技艺和兵器。

秦始皇时曾经严令禁止民间拥有武器，但打兵器的门槛非常低，哪个村子都有铁铺，只要能打菜刀，就能打出大刀，而且民间的地主阶级是有安防的需求的，所以兵器自然禁不了。

另外，军队的习武需求就更加强烈。某种意义上，武林可以理解成军方在野之后的结果。军队跟武林不一样，武林中生死留一线，做人好相见，而行军打仗不是你死就是我亡，那是真正以命搏命的地方，军队里可能汇集了武林中真正的高手。

我们看到武侠小说里有大内高手，宫里的公公都很能打。《射雕英雄传》里最热血的一段，就是郭靖守襄阳城，百万军中来去自如，取敌军首级如探囊取物，到这种程度，武功已臻化境。武林中人对这些能带兵打仗的侠之大者，也是非常钦佩和仰慕的，一方面是因为他们为国为民，另一方面大家都知道武林中可能有一些不太规范的"斗殴"，而能在军队这种以命搏命的地方取胜归来，那是有真本事。

所以，中国古代文人考秀才考文状元，武人考武状元。考上武状元，入伍从军，就是官家人了。那么厉害的，流落江湖加入门派也是寻常。到了江湖，看的就是你要选哪条路了。行侠仗义替天行道，路见不平拔刀相助，一颗侠义之心走江湖，那自然算是侠客一路，可侠客也要吃饭，有人拜入高官大户成为门客，有人自力更生开个镖局，也能赚些银两，仗义疏财。当然因道德底线极低，落草为寇，成为盗匪的也不在少数。

古代的武林特别讲究师门。如果你之前在杨家，后面又想去王家，那么两家都会不待见你。可见武学这种强杀伤力高危险性的技能传播，对忠诚这一属性的要求非常高。师父师父，一日为师，终身为父。必须模仿亲情的强绑定关系，来强调个人身份的所属性，以此来保证一种绝对的安全。因为师父教的都是独门的致命招式，碰上一个不那么靠谱的弟子，那这一门的绝招有可能就危险了。所以，很多师父在传授弟子的时候一般都会留一手。当然，这个留一手也是为什么武术到了近现代逐步落寞的一个重要原因。

老舍先生有一部小说叫《断魂枪》，它讲的是一个武林高手擅长使枪，他面对着国家的衰弱、社会人心的不古，感到特别绝望。最后的一个场景是他在自家院子里，在月光下耍了一通枪法，之后立定站好，默念四字：不传，不传。

武术之前讲的是实战，金庸、梁羽生、古龙先生开启了一代武侠的风潮，把武术变成文字和想象，把具象凝结在抽象之中。

还有一个人又重新把想象变成了具象，让武林迎来全新的生机——李小龙。

感谢世界影视工业的快速发展，李小龙先生借此契机将武术带向了全世界。好莱坞的电影投资人看到李小龙的武术表演后，大为震撼。李小龙简简单单几个动作当中，蕴藏着一个神秘的东方文明背后充满想象力空间的武学世界。

人类都有对力与美的本能的追求。"力"让我们活着，"美"让我们活得不同于禽兽。在近现代，西方把"力"体育运动化和职业化，以足球、篮球、橄榄球的方式，把人们对"力"的追求与集体荣誉感高度绑定，在这个过程当中完成自己对"力"的想象力的投射。

而李小龙让投资人看到了一个巨大且全新的市场，并且能够想象，未来会有无数的美国小朋友看到李小龙之后，嘴上说着 kung fu（功夫），手里拿着双节棍找到新的"力"的投射方式和更别致的群体归属感。而且李小龙和他的功夫并不是从天而降，它在世界的另一端有着几千年的文化积淀，还有金庸、梁羽生等构建出的想象力极其丰富的世界观。李小龙从这个世界观里走出来，长相帅气，肌肉紧致，英语流利，动作干净利落，在近距离空间里都能打出极大的力道，便于被电影镜头放大百倍。

当李小龙打开了西方了解东方奇妙武学世界的大门之后，成龙先生又将武术动作极好地融入生活细节之中。如果说李小龙的功夫世界让人觉得他很遥远，高山仰止，那成龙的功夫世界可能让你觉得他就是一个邻家小弟。他非常巧妙地融入了即兴喜剧的创作方式，利用身边一切可以用到的物件来设计让人眼花缭乱的武术动作，可谓是手中无剑，心中有剑。再后来，还有李连杰、甄子丹、吴京……武侠的电影世界有了更多的流派和风格。

金庸让武侠世界来到了我们心中，而电影工业则将武侠世界呈现在我们眼中。

什么样的武侠电影经得起时间的淬炼？

"80后"小时候应该都看过一部电视剧叫《霍元甲》，它给了我很多的精神荷尔蒙。我印象特别深刻的一个场景，是霍元甲打一个俄国大力士，一把把对方的胸毛给揪下来了。

为什么这个场景能这么深刻地植入我的脑海？《霍元甲》当年就火遍大街小巷，哪怕放到今天来看，仍然能激起我们心中的热血，为什么？

跟胸毛的特质有关。在那个时代，胸毛是一个特别典型的西方人形象标识，而且选择一个俄国的大力士，他们体格庞大、肌肉量惊人，冷酷傲慢，看似不可战胜，可最后却依然重重地摔倒在擂台之上。

揪胸毛这样一个典型的标签式动作，一下就点燃了大家的集体荣誉感。

从此，打外国人可能就成了东方武侠大师们必修的功课。

选择"打外国人"这个点来创作武侠影视作品，最重要的原因，可能在于这能够最大程度地覆盖受众的审美，能够激起最广大观众的最朴素的情感。两次世界大战之后，民族主义思潮席卷全球，以民族主义为基础所形成的爱国主义，毫无疑问成为过去一百多年的主旋律。民族主义、爱国主义、集体的归属感、力的投射，成为很多文学艺术作品创作的永恒主题。其中力的投射具象化是"武"的部分，而爱国主义、集体归属感等情感的投射具象化则是"身份"的部分。

从前，我们可能是在一家镖局、一座师门、一杆旗帜之下完成这种双重确认，现在我们在一个巨大的文化共同体、民族、国别中来完成这个过程。

当然，在这份巨大感召之下，大家凝结起来捍卫国家、挽救民族的火种似的力量，也成为过去这一百多年来中国仁人志士救亡图存的力之来源。没有这样的向心力，我们数次保卫国家领土、捍卫中华文化的战争，很难取得一次又一次的胜利。

但，有些影视作品也会抓住这点偷懒。

比如近些年涌现的大批抗日神剧，手撕鬼子、裤裆藏雷，为什么这些违反基本常识的东西还能不断地拍出来，在大平台上播放？

投资人说，我只要拍打日本人，那就有基本的收视率的保证，这就是从投资角度出发所认可的商业逻辑。

我们从中看到的，是对大众审美和喜好仓促而粗糙的迎合。

而其实，拍武侠的导演也能拍出非常精妙的武学细节和更加深远的意义追问，比如徐浩峰的《师父》，里面也有家国情怀，但更多的是聚焦到具体的人在历史背景下的命运、冲突中的抉择。

如果你理解的武侠就是力量、战斗、胜利、失败，那么你拍出来的就是简单的二元叙事，非常单线条的逻辑，正邪不两立，最后邪不胜正。最广大的人群看着可能很爽，但第二天起床就模糊，一个月后就忘了。

而如果你对侠的本质的理解不是非黑即白，而是有一套完整的世界观，既能建构起"侠"的宏观世界，同时又能以非常细的切口进入它、非常深的截面呈现它，才能带给观众深刻而长久的触动。对侠的理解的境界差别，直接决定了拍出来的作品是不是有灵魂。

我曾经在一个节目中见过叶问的儿子叶准先生。当叶准先生谈到他的徒弟们在香港生活的近况时，眼里带着藏不住的自豪感。当时我一度在想，找几位叶准先生门下最普通的习武者，去跟拍他们的生活，这是不是一个特别好的纪录片题材？他们住在哪里？早上坐什么交通工具？练几个小时的功？剩下的时间在做什么呢？我甚至能想象出那样的画面：周围的人群和灯火在快速地流转，他拎着一个菜篮子，信步行走在其中。

也许跟随镜头，就能窥见一群有着古人气质的现代人，在都市里的生活状态。

事实上,如果电影创作以人性的撕扯和与时代、与命运冲突的角度去探索,就已经非常好了,它不需要一个模式化的"恶"的形象,不需要最传统的好莱坞式二元对立的叙事结构。我们有属于自己的东方模式,这是一个复杂的系统,这里没有十足的坏人,但也没有从天而降的善人,每个人都有他的动机、他的选择、他的理解和世界观。这背后呈现出的人对力与美的追求,那种质朴的生命冲动,进而交织而成的武侠世界,才是有灵魂的,才能在时间的淬炼中成为经典。

这是时间的逻辑,而不是资本的逻辑。

止戈为武

还有一部电影,可以说极大地影响了我对"武"的理解,那就是《新少林寺》。里面有一个情节:一个将军在追一个逃犯,逃犯逃到了少林寺当中,然后将军把少林寺围了起来,要方丈交出逃犯。方丈说:不管这个人是不是重犯,我只知道一个基本原则,就是在少林寺墙之内,不能杀人。所以他今天只要进到这个门,我们全寺一定全力保护他。然后十八罗汉棍阵摆开。将军问你知道我是谁吗?方丈淡然:是谁都没用。这一幕给将军留下了深刻印象。很多年后,将军被人追杀，他第一个想到的就是要去少林寺。他见到了方丈，方丈像当年对待逃犯一样帮他清理伤口，请他在这里住下。将军感叹道：这么多年过去了，只有少林寺的寺规还是没有变。

幼年的我极为震撼。一方面，我意识到一份规则的公平性和确定性为什么那么重要；另一方面，我也在反问自己：为什么练武到了那么高的水平，不是去战斗、去征服、去胜利，去收获更多的利益，而是用来保护生命，用来守护安宁？

那一瞬间，我终于知道"武"字为什么要这么写了。

止戈为武。

2019年，武汉举办了第七届世界军人运动会，告诉全世界的军人，我们对于力量的理解：我们要停止干戈，这一切的力量只是为了捍卫和平的原则和一方净土。有的文明追求力量是为了征服、杀戮和利益，但也有文明追求力量是为了保护、捍卫与和平。如果有人不理解我们为什么也对力量有追求的时候，强烈建议他看一看《新少林寺》这部影片，看看东方人是怎么理解力量的。

另外还有一部我觉得被低估了的电影，就是刘德华演的《大块头有大智慧》。这部电影在豆瓣上的评分一度非常低，这两年大家看到了完整版后，评分渐渐上来了。这部电影对武学的理解、对因果的理解是非常佛家的。

刘德华在这部电影里化装成了一个肌肉男的大块头形象，

他是一个还俗的僧人。后来遇到了一个喜欢的女孩,他非常想保护她。可是哪怕他武功高强,做了种种努力,最后女孩还是被杀了。他非常痛苦,也想要找到答案。然后,他从佛学里找到了对因果的新的理解:在这个人间,只要还有仇恨、有嫉妒,那么杀戮就会继续。你要想杀戮停止,就得从你开始,选择停下,选择原谅。

最后,大块头没有去报复那个杀害女孩的人,而是选择了宽恕。

当然,止戈为武在历史上也有很多真实的呈现时刻。

比如瑞士,这是一个非常奇妙的国家。当希特勒的铁蹄横扫整个欧洲的时候,波兰、法国在闪击战中快速沦陷,但瑞士就在德国旁边,连接着德国和意大利两个盟国,而且历史上瑞士发达的金融使得大量的欧洲财富,尤其是很多犹太银行家的财富就躺在瑞士众多银行的地下室和金库里,一旦攻下,无论是战略位置还是金融补给都是一笔巨大的财富,希特勒为什么独独绕开了瑞士?

有人说瑞士是永久中立国。但如果自己宣称中立,敌国就不入侵你,那"二战"就不会在地球上出现了。事实上,瑞士一直奉行的是"武装中立"的基本原则。当时只有四百万人口的瑞士,常年保持着五十万以上的常备国防力量,一直是全民皆兵的架势,且瑞士陆军的训练质量当时冠绝欧洲,尤其是单兵作战的能力长时间保持着欧洲的第一名。

其实1940年德国就制定了入侵瑞士的"冷杉计划"，怎么打、打多久本来都有安排，但希特勒攻下法国后，对着瑞士沉吟了一整晚，反复对比了得失，最终还是得出一个结论：攻打瑞士会极大地牵制德国在欧洲的有生力量的分配，面对如此强大的瑞士陆军和阿尔卑斯多山地形，不利于摩托化部队快速推进，短时间无法取胜，会让德国陷入这个泥潭当中。

于是这样一个战争狂人，把战火甚至烧到了莫斯科城下，面对瑞士却说了三个字：绕过它。

所以瑞士在"一战"、"二战"时都保持了中立，而且永久中立国这一身份，凭的就是它强大的军事实力，它才有这个底气，有这个能力说：你们打你们的，请随意。但只要你们越过我的国境线，我就叫你们回不去！

瑞士以金融立国，之所以要把陆军兵力发展到其他国家惹不起的程度，为的就是保持自己国土的绝对安全。瑞士保管着全世界有钱人天量的财富，它必须要向全世界证明自己有保管好它的能力。如果任何一个国家随便就能打进来，财富就被洗劫了，那谁还会存钱在你这儿呢？瑞士的立国之基就完了。

瑞士的四大支柱产业，首先就是金融业，然后是钟表制造业、畜牧业，还有旅游业。四大产业把整个国家的GDP支撑起来了，让瑞士人可以安安稳稳过着田园牧歌般的生活。

但这种生活从不是从天而降的。**从来没有从天而降的和平。**

爱好和平从来都有着非常复杂的条件。在极其复杂的欧洲地缘政治当中，瑞士走出了一条独一无二的非常励志的道路，这跟它背后的历史背景、产业需求、军事实力和民族精神都是一脉相承的。

从这个意义上说，瑞士才是真正低调而安静的战斗民族。如果将那时的欧洲比作武林，那瑞士一定是那位安静地在后山金库里扫着地的扫地僧了。

有聊

外星人

人类之所以追问、探索，就是为了不孤独。

外星人：孤独的畅想

外星人存在吗？

除非有一天我们获得一个确凿无疑的肯定答案，否则这必将是一个伴随人类文明的永恒话题。我们有那么多关于外星和太空的文学、影视等艺术作品，我们登陆月球、探索火星，我们想要走出太阳系，这个问题若隐若现地一直感召和引导着我们的脚步。

曾经有一位赞比亚的修女给美国航空航天局（NASA）写信，问他们为什么非洲有这么多孩子吃不上饭，饱受饥饿疾病的折磨，而NASA却要花费数十亿美元去探索火星？

NASA回复了她，探索星空是为了人类生活得更美好，宇宙当中的土壤、细菌对于我们今后提高粮食的产量、研究人类的疾病、推动科技的发展都有重要的影响，这些可让更多的孩子不再遭受贫穷、饥饿、疾病的困扰。

这当然是一种答案：功利主义的答案。太空能给我们带来切实的利好。

但是在我看来，这也许不是我们心底那个真正的原因。

你知道人类，是最善于用感性做出一个决定，然后用无数理性甚至功利主义的理由来给予这个选择以解释的物种。

人类之所以追问、探索，就是为了不孤独。

是的，在这个浩渺的宇宙里，至今仍然只发现在这颗小小的蓝色星球上诞生了智慧生命，我们是独一无二的，也是终极孤独的。

所以我们好奇，就像我们看到海洋的时候会问：海的那边是什么？看到山峰会问：山的那边是什么？而抬头仰望浩瀚星空，我们同样会问：更远的星空那头有什么？那些闪耀的星体上会不会住着跟我们相似或者完全不同的生命？这是一种我们看到未知和黑暗时的本能好奇，也是我们这个物种的生命力最根本的来源。我们希望自己在这个宇宙里不是孤零零的存在，这会让我们心里产生一丝温暖。

有记者采访霍金先生，问他：宇宙中什么最让你感动？霍金说："遥远的相似性。"这是一个多么浪漫的憧憬。我们在宇宙中去找寻跟我们相似的可能，我们把宇宙中的一些行星命名为"类地"行星，我们将外星生命取名为外星"人"，事实上外星生命可能完全不是"人"的形态，而是一团气体或者某种不可名状的物质。我们在影视作品中想象的外星人，会下意识地把"人"的形象附着其中，让他们看起来只是长得很奇怪的"人"。我们试图用这样的方式，去碰触那种遥远的相似性。

而且，我们需要跟自然的、直觉的东西保持一种紧密的联系。我还记得在西藏，晚上在户外看星星，那么多的星星坠在丝缎一样的天幕上，就在我的头上眨啊眨，触手可及，那个夜晚干净又清澈，荡涤了心中所有的烦恼和焦躁。

每个人都需要给自己留一点时间，像这样孤独而安静地望一望星空，去想一想那些遥远的存在。我们以人为尺度，会觉得地球很大，可当我们把视线投向星空，土星、木星、太阳系、银河系……就会发现当下的一些痛苦和焦虑跟星空比起来是多么渺小，真的就是一粒微尘，心境也许就会开阔很多。

还有一点，也许可以回答修女的疑惑。**我们把脚步挪向星空，是为了让孩子们知道我们为什么活着。吃饱穿暖不遭受疾病的折磨当然非常重要，但生命的意义绝不仅仅是活着和浑浑噩噩的延续。**向外开拓，探索未知，将人类的活动边界不断延展，本身就有着非常重要的文明意义。试想一下，如果有一天，外星文明发现了我们的存在，它们该如何描述我们的文明程度呢？也许，我们的脚步半径是非常重要的一把尺子。我们能走遍我们所处的行星—我们能走遍我们所处的恒星系—我们能走遍我们所处的棒旋星系（银河系）—我们能进行星系间的旅行——你看，我们最远能走到哪里，就是跨文明相遇时最直观的名片。它是这个文明背后的科技、能源、勇气、雄心、好奇、团队能力等特质的集大成者。诗和远方，越过山丘，星辰大海，这些"遥远意向"成为意义标的不是没有道理的。我们要做的，是让负责生存和负责意义的资源都获得合理的分配，而不是单一且局限的非此即彼。

我们是那么偶然

我们对外星人的认知可能需要从思考"生命"是什么"开始"进行探讨。

在地球上，我们对生命的定义可能是能够对刺激进行回应，然后是具有能够繁衍的一整套能量代谢系统。

换句话说，也就是我们在地球上探讨"生命"，有两个核心指标，一个是刺激与反馈，比如一块石头，你刺激它是没有反馈的，但即便是细菌或病毒，你给它刺激，它是有反应的；第二是它能够自我增殖，能够自己繁衍，同时它本身具有一套能量代谢系统，能完成完整的能量代谢过程。如果在地球上发现这样一种存在，我们会称它是一个生命体。

但如果到了外星球，科学界的共识是生命的标准应该再宽泛一点，因为生命本质上是环境塑造的一种结果、一种可能性，所以我们在对外星生命进行推断的时候，永远离不开外星的环境。

这也是为什么从理性的角度，我猜测宇宙中应该不存在"生命"的原因，因为我们一直在拿地球的标准去嵌套，去寻找跟我们相似的生命体。我们的环境条件和碳基模式，在遥远的他乡复刻的概率真的太小，即便以如此巨大的星球数量为基数。

但是从感性的角度，我内心依然坚定地相信，宇宙是有别的生命形态存在的。宇宙先天的自然环境和自然存在情况的复杂程度远超我们想象，我们如果只从人类这种碳基生命体的构成去断言外部的存在，只能证明我们对外部世界的认知太狭隘、太局限，也未免太幼稚。

《超体》这部科幻电影中，女主角露西的大脑被百分百开发，对于信息的接受和反馈都到了极限，人体就化作了一种弥漫性的超越时空的存在，成为一个巨大的意识主体，到处都是我，我无处不在。这还只是人类发展到下一步的某种可能性的猜测，就已经远超我们的认知范畴，更不用说我们该如何探知一个五维意义上的生命体！我们甚至都无法想象一个五维生命体是一种怎样的存在。

当然在天文学界，天文学家们需要从更加严谨的唯物的角度去推断，外星生命无论有多少种可能性，它总有一个起点，这个起点就是元素。无论你有多么神奇，你总之会是一个元素或者几种元素组成的，无论你是气体、液体或者固体，都需要元素作为基石。

从这个意义上，它就把我们从弥散的斑斓的想象中拉回了现实可探的路径上。

人类已经登上了月球，月球上有特别令人吃惊的存在吗？可能有些物体的元素组成，比如石头，跟地球上的不太一样，可是长得跟地球上的石头也没有多大的区别。再到金星、木星、水星等，有的行星温度高而发红，有的行星温度低而发白，但并没有超乎想象的存在。太阳系我们已经勘测得比较细了，银河系乃至宇宙也就是无数个太阳系的叠加，基础的环境和条件没有变。

按照这套逻辑，地球上出现生命并不是无数偶然的可能性的一种，而是唯一的一种。地球就是那么巧，在46亿年前，这个炽热的球转啊转，离太阳的远近合适了，公转的周期也合适了，地表的温度慢慢降下来，温差也合适了，水出现了，一个闪电在水中激发出了氨基酸，最初的生命就这样诞生了。然后以最简单的方式开始增殖，有了能量交换，有了对外界刺激的反应，用几十亿年的时间进化，最后有一只灵长类动物开始直立行走，脑容量增加，开始用理性用规律去认知外部的世界，并且有了艺术创造，文明就此出现。这中间任何一步出了问题，都必将导致结果的崩塌。

这么多偶然的偶然的偶然，终于在地球上出现了智慧的生命，而这个生命面对浩瀚的太空开始畅想，开始觉得孤独。

我们曾经认为是神创造了我们，有更高纬度的超越我们的存在。而经过尼采的"上帝已死"，我们完成了这种祛魅，原来上帝是不存在的。我们只能转向科学去寻求答案。

美国天文学家法兰克·德雷克于1960年代提出过一个用来推测"可能与我们接触的银河系内外星球高智文明的数量"的公式，这个公式非常有名，银河系内可能与我们通信的文明数量＝银河系内恒星数目 × 恒星有行星的比例 × 每个行星系中类地行星数目 × 具备生命诞生条件的行星的比例 × 演化出高智生命的概率 × 高智生命能够进行星际通信的概率 × 高智生命处于该科技文明持续时间在行星生命周期中占的比例。

这个公式里有七个关键乘数，后面的乘数叠加了好几个概率，而最后我们知道，即便宇宙那么大，浩瀚星空有数千亿数万亿个星体，这个微乎其微的概率却让宇宙那么安静，目前仍然只有小小的、孤独的一个我们。

想象里的外星人

在人类历史上，不论中国还是外国，都有过关于外星人的记载。

《搜神记》中有一个故事，说在三国时期，吴国有一群孩子在嬉戏玩闹，突然出现了一个"长四尺余，年可六七岁，衣青衣"的"异儿"，他长相怪异，眼里还不断散发着诡异的光芒。孩子们非常奇怪，问他是从哪儿来，干吗来的。"异儿"说："尔恐我乎？我非人也，乃荧惑星也，将有以告尔。三公归于司马。"这个"异儿"并不是凡人，而是荧惑星的化身，荧惑星就是火星，他来的目的是告诉孩子们"三公归于司马"这个预言，也就是司马家会在将来夺取天下。说完后，"异儿"留下一句"舍尔去乎"便纵身一跃飞上了天，只见那"异儿"如同拽着一匹布一般缓缓远去，"飘飘渐高，有顷而没"。这个跟现在很多科幻片中，外星人回到飞船上的方式非常类似，在一束光的引导下被吸附到飞船的底部入口。我们发现，在这些关于外星人想象的细节上，古人和今人竟有如此相似的地方。

　　唐代有一本笔记小说叫作《酉阳杂俎》，也有关于外星人的记载。

　　说有两个书生爬嵩山迷路了，天黑了，两人急得像热锅上的蚂蚁一般，到处找路，突然听到草丛中传来鼾声，拨开一看，有一个人穿着洁白的衣服躺在那儿睡觉。白衣人给他们指了下山的路，并说自己是从月亮上来的，说月亮其实是由七种物质组成，像一个圆球，月亮上那些黑色的影子，是太阳光照耀在它突出的地方造成的。月亮上有82000人在做修理月亮的工作，他是其中之一。以唐朝人当时的知识水平，要准确地说出月亮表面是凹凸不平的且本身不发光这些知识点，不仅需要想象力，也需要勇气。

宋代的《太平广记》引用唐代《洞天集》的记载，晚唐时期长安出现了严遵仙槎，仙槎是古代神话中能往来于海上和天河之间的木筏，相当于神仙坐的飞行器。这个仙物被摆放在大明宫的麟德殿内，长五十余尺（唐代有大小尺之分，大概在10米到20米之间），敲击它会发出金属般的声音，而且非常坚硬不会生锈。宰相李德裕命人从仙槎的尾部截下一小段，刻成道士的雕像，没想到这个雕像竟然可以飞来飞去。后来，这个仙槎自己也飞走了。

听起来像不像UFO？

也许有人会说，这是不是恰好证明了古代有外星人造访过地球？

我认为这恰恰说明古时候关于未来的一些想象，跟今天的某些真实或想象契合了，说明我们的想象并不是无本之木，背后总有千丝万缕的联系。

我们今天的科技发展也与古代有联系。比如今天人类上天的火箭直径，其实在罗马时期就由两匹马的屁股宽度所决定了。当时罗马马车是由两匹马横向并列拉行，那么马车车辙的标准宽度就因此确定。人类修建第一条铁路的时候，参考了马车车辙的标准间距，有了统一的铁轨宽度标准。而火箭运送到发射场往往需要通过火车，途中有隧道，更宽可就过不去了——现代火箭的直径就只能这么宽。你看看这是多么神奇的跨时空关联，我们现在高大上的新科技居然是从古代的某一个细节一点点延伸和生长而来的。

人类今天所有的技术成就都不是凭空而来，都是从一棵树上生长出来的，技术有它独立而隐秘的成长路径和成长逻辑，我们能从每一个果实去溯源它生长出来的枝叶、树干、树根及它生长的土壤，今天人类经常想象出的那种超越性的、找不到根基的技术，事实中是不存在的。

人类关于外星的想象力走到现代，诞生了很多优秀的科幻作品。其中我认为最值得一提的有两个，一个是诺兰导演的电影《星际穿越》，一个是刘慈欣的小说《三体》。

诺兰展现的宇宙观是人类世界的投射。我一直觉得诺兰是一个表达人性的高手，他把人的世界置入浩瀚的外太空中，置入梦境，即便环境千差万别，但最后不变的内核，仍然是人类最最永恒的亲情，是父亲和女儿之间的连接。

等我的女儿再大一点，我一定要带她再看一遍《星际穿越》，每一个有女儿的父亲都应该和孩子一起看一看这部影片。一个父亲落入了五维空间，在一个扭曲了的时空里，在一个塌缩的片段中，把海量的信息在超越光速的状态下传递给自己的女儿，这完全违背相对论，放到其他地方我们都可能觉得很假，但，这是父亲和女儿，我们就信。这就是人类超越一切的情感，这也是诺兰的作品最震撼人心的地方。

《星际穿越》里想要寻找的新的人类栖居地都是类地行星，所展现出的外星样貌依然没有跳脱出地球生命的演化路径。从这个意义上讲，刘慈欣的伟大就在于没有局限在地球文明的路径上，他对三体人的想象完全超越了人类社会的样貌，展现出了一套全新的更加雄奇的世界观。他在不断地开拓，把外星生命的存在放在一个跟我们对等的高度，他对外星整个背景结构的想象，包括政治结构、权力结构、力量分布的结构，都有更深邃的思考。这套全新文明结构的推演，要考虑到历史地理学、制度经济学、社会心理学，最终甚至需要在底层建构一套全新的哲学系统，一套崭新的意义机制，这个纷繁复杂的系统工程极难，因此也极迷人。当然，最后大刘有没有创立起这套宏伟而自洽的系统见仁见智，但这项尝试本身就足够伟大。

诺兰的作品特点是情感动人，他顺着我们的心往内挖，然后将最动人的情感起点投射在一个个奇幻的空间和景观当中；但刘慈欣的作品特点是世界观迷人，他不断拓展外部结构的可能性，告诉我们人类的社会结构、组织架构并非唯一，也许这份谦卑更折射出人性的伟岸。

如果有一张去往外星球的单程票

未来的 10 年到 20 年间，AI 技术的发展可能将帮助我们在探索外星文明上取得重大的突破。我们现在面临的最大障碍在于宇宙太大、行星太多，我们要一个一个地去观测，然后得出结论，但人力不可能完成。如果在未来有一整套全自动的外星智慧生命监测系统，能全自动地发射信号并且监测返回的信号，有一套精良的算法对其进行测算，最后低能耗地得出结论，那么我们将有能力对整个宇宙做一个更精细的更全面的扫描，那个时候，也许会得到一个全新的答案。

而如果在我的有生之年，一个巨大的 UFO 闪着金属光泽，悬停在我们目力所及的城市上空，就像那些科幻电影中出现过的场景，UFO 的门打开，某一种生命形态从里面走了出来，与人类开始了正式的接触，我希望自己是第一个走上前去的人。

无论如何我想跟他们聊一聊，哪怕这个行为很危险，哪怕我刚走上去就被气化了。但我还是想要试一试，我希望自己具备那样的勇气。我从内心也愿意预设它们是符合某种善的价值共性的，我更愿意人类在面对它们的时候先施与善意，而不是先想着把枪架起来。

对于"善",不同的人有不同的解释,但其中核心的共识就是尊重。 我们说己所不欲勿施于人,对跟我们相似的生命体,我们要保有尊重。佛教里说"扫地不伤蝼蚁命",即便是跟我们完全不同的生命体,也需要尊重。即便我们有时候做不到,一脚踩下去,这些生命就消散了,但是至少我们内心知道,怎样才是对的。

人类在漫长的进化过程中,不同的文明之间有着迥异的样貌,但无论是希腊文明、玛雅文明,还是印第安文明、中华文明等,对"尊重"这一基本原则都有着独立而殊途同归的共识,这背后一定有某种更深层次的超越性理由。这个理由支撑着我相信,如果一个外星文明发展到这样的高度,跨越了浩瀚的星海和时空来到我们身边,也会遵循这样的标准,否则它们也走不到今天这一步。背后有这样的"善"存在,是我们能看到它们的重要原因之一。

我愿意相信它是善的,背后也有一个更无力的否定性的原因,那就是假设它不是善的,我们也无能为力。它们能到我们这儿,我们却到不了它们那儿,科技的水平高下立见。如果它们如同三体人一样就是来毁灭地球的,咱们又能怎么办呢?原子弹氢弹也抵御不了。我们也只能先施与善意,等待它们的回应,这是我能想到的最好的办法。

如果有生之年等不来外星人,而我们第一批去探索火星、探索太空的船员开始招募的话,我也愿意高高举手,争取能拿到第一批船票中的一张。人类的大航海时代已经过去了，一个时代的大幕缓缓落下，我们总是容易局限于眼前的苟且，在狭窄的消费世界里循环往复。现在全新的星辰"大海"出现了，哪怕第一批船票注定只是单程票，但第一批登上火星、拉开人类星际文明序幕的人所能邂逅的未知、所能盛放的好奇、所能战胜的黑暗，是待在地球摇篮里的人类所完全无法想象的。这将会是一段不可思议的人生，这些名字也因此将注定深深镌刻在人类文明的崭新一页中。回头看，人类这样的历史时刻并不多，看向未来，还"怂"什么呢？

挺身而出。

跨越星河，才能成为那星一颗颗。

有聊

基因

基因是一个特别好的能承担我们简单归因的工具。

基因决定一切？

在北京中关村的广场上，矗立着一个巨大的 DNA 双螺旋的模型，高高地炫耀着当年生命科学所处的位置。

我们站在 20 世纪末眺望未来的时候，都说 21 世纪会是一个生命科学的世纪，直到现在，我们都还在这么说，好像这个生命科学的世纪只是在不断向我们逼近，并没有切实地来临。

实际上 21 世纪的确也属于生命科学，但它也属于互联网，属于信息科学，很多科学的分支都已经或者即将在 21 世纪取得飞跃式的发展。但唯一可以确定的是，只要人类想长生不老，生命科学这个领域就会持续地发光发热。

基因就是通往人类长生不老的那个密码。

那么基因的本质究竟是什么？

简单来说，它其实是一份说明书。

在双螺旋结构中，A、G、C、T 4 种碱基形成的排列组合所构成的不同的结构模式，控制着我们身体中细胞增殖的方式。

我们每个人的细胞都在不断地增殖，不断地繁衍，下一个新细胞生成什么，生成在什么位置，承担什么样的功用，最后建构成怎样的生命躯体,都由基因决定。

基因就是这样一份说明书,告诉我们的身体下一个细胞如何去增殖。简单来说,就是在我们出生的时候已经写好了的、造就了的部分,也就是先天决定的东西,这是基因负责的范畴。而不是先天决定的、后天有空间来让我们努力的部分,就是基因之外的东西。

基因决定了我们如何从一个胚胎,来到这个世界上一点点长大、发育,这其中肤色、身高怎样,单眼皮还是双眼皮,都由其决定。甚至有一些基因是负责管理我们的语言表达能力的,例如FOXP2基因,它与我们的语言表达、措辞能力高度相关,如果FOXP2基因当中的某些位点发生突变,一个人的语言能力将会获得巨大的提升。

基因能够先天雕塑我们很多的特征,但基因是不是决定一切呢?

并不尽然。

中科院神经科学研究所的仇子龙教授在《基因启示录》里说,有一种MAOA基因如果发生突变,那么携带这个基因突变的人往往容易冲动,遇事不容易冷静下来。这个基因也因此成了大名鼎鼎的"暴力基因"。但这其实是一个误读,科学家在后续研究中发现,有MAOA基因突变的孩子,如果在幼年遭受了家暴,那么孩子长大以后出现行为障碍,乃至严重暴力犯罪的可能性更大。所以MAOA基因并不必然导致暴力，后天环境的影响起到关键性作用。

但因为暴力基因太有名，所以科学家对全世界各族人民的 MAOA 基因都进行了测序分析，让人吃惊的是，汉族人拥有暴力基因突变的比例居然达到了 77%，全世界最多。

难道汉族人最好斗吗？

哪怕从我们最朴素的认知出发，这个结论也是不成立的。

实际上，在人类漫长的演化过程中，汉族人群可能产生了其他的基因突变，对冲掉了 MAOA 基因带来的副作用。而且，中华传统美德中的温良恭俭让对我们的影响，可能要远远大于暴力基因带来的影响。所以我们汉族并不是格外好斗的民族，而是整体表现出知书达理、谦和有礼的气质，是充满上下五千年文化底蕴的礼仪之邦。

所以，没有任何一个基因对人产生的作用是绝对的。

人有时候是喜欢偷懒的，尤其是在归因这个问题上，某一种现象出现了，我们迫切地想知道为什么，那些单一原因的表达听起来短时间内就能感到很有道理，又特别容易复述，我们就第一时间完成了这个归因的动作。

但我一直秉持着复杂决定论的观点，只要听到任何一个单一成因或简单归因的，我都会养成下意识质疑的习惯。因为事实总比我们想象的构成还要复杂很多。

之前有一种说法，一句话得罪一个省的人。怎么做到的？

碰到蒙古人就问骑马吗？碰到山东人就问你们山东是不

是女人不能上桌吃饭？这其实就是一种刻板印象，其根源都是在思维方式上谋求简单化，然后进行简单归因的习惯导致的。

在基因问题上更是如此，**基因是一个特别好的能承担我们简单归因的工具。**

第一，基因听起来好像百搭，适用于很多场景很多问题，人人都用得上。

第二，它跟我们无关。任何一个事儿，只要一说是基因造成的，那么就消除了我们自己的责任。比如说如果你的表达不太好，本来你下意识归因为是不是练少了，是不是自己不够努力，但这时候如果有人跟你说原因在于负责你表达的基因不太好。你心里一定豁然一轻：原来这事跟我没什么关系啊。

道德的轻松感，能迅速让这种归因方式成为主流。要养成质疑这种归因方式的习惯是很难的，因为这挑战人性。

基因改造离我们还有多远？

基因既然是一份说明书，那么问题来了，我们能不能检测它，能不能改写它？

毋庸置疑，在接下来的100年时间里，基因检测不仅会成为主流，还会成为常态。人类对于自身确定性的痴迷和疯狂，一定会让我们去寻求在下一代生命呈现样态上有高度预判的能力。20年前，人类基因组测序还无比复杂，是一个全世界的计算机联合起来、几十万生命科学家联合起来分工协作的大工程，但现在，24小时内，一滴血、一点唾沫，就能全部测出来。而且，现在人们的经济条件也能承受得了，几千块甚至几百块人民币，就能做基因组的全面检测。

而且，人类基因组中有98%的基因为"非编码基因"，被称为基因中的暗物质，就像宇宙中存在的暗物质一样，它们非常神秘，而我们现在对它们如何作用于人类，还知之甚少。

一旦我们破解了这些基因暗物质的密码，那么人类有可能像三体人一样，变成完全透明的。人类所有的先天基因决定了你后天具体的性状，你的身高、体重、肤色一览无余。你是白人，白到什么程度？你的表达能力怎么样，有没有上限？都会被提前预判。

这种检测离我们已经很近了。

可是检测之后呢？

我们要不要改写它？

目前我们做基因检测是为了保底，去筛选那些先天有残疾的孩子，避免这个有缺陷的生命来到世界上承受痛苦，也避免家庭承受巨大的负担。

可随着基因技术的发展,这个保底会不会变成拔优?

仇子龙教授曾举例:我们检测一个还未出生的胎儿,如果他的智力水平只有 70 左右(100 是平均标准线),很有可能这对夫妇会不要这个孩子;那么如果我们具备基因改写的手段,能够将孩子的智力提升到 100,达到一个平均的水平,并且是没有任何风险的,这样就可以避免这对夫妇放弃这个胎儿。

这件事情要不要做?

这是一个很典型的伦理争议,我们要不要把一个有明显缺陷的胎儿,通过基因上的修改,让他变成一个正常的孩子。

之前大家讨论得可能没有那么多,是因为基因编辑技术还没有发展到那个水平,大家还不认为这个技术有这么神奇,能够指哪打哪,想改写哪一段就改哪一段。

但是,2020 年的诺贝尔化学奖颁发给了两位女性化学家,法国生物化学家埃玛纽埃勒·沙尔庞捷和美国化学家珍妮弗·杜德纳,以表彰这两位女性科学家"发现了基因编辑技术中最有力的工具之一:CRISPR-Cas9 基因剪刀"。这个工具能够实现对基因中的任何一段进行剪切、复制和粘贴的功能,从而精准地改变生物的 DNA。

这样,上述讨论的伦理困境,就不仅仅存在于纸面上,而是即将降临的现实。

从 70 到 100,这一步能做吗?

我们知道一个孩子有先天缺陷,我们也清晰地知道可以用基因编辑的方法让他变得正常,我们要不要做?

现阶段是不允许的,但很多基因科学家也不断地质疑自己:我们努力的一切不就是为了让人类生活得更好吗?

可如果能做,做到哪一步?谁来确认这个"正常"的边界?

如果可以把孩子的智商从 70 调到 100,那接下来能不能调到 130?甚至 200?要知道,正常跟超常往往只有一步之遥。如果调到 200 也是可以做的,那这个孩子所获得的先天优势对其他孩子来说,是公平的吗?

我采访仇子龙教授的时候,新冠疫情刚暴发不久,我还问了他一个问题,蝙蝠身上携带了那么多致命的病毒,但它却不被这些病毒感染。如果要把这个能力复刻到人类身上,通过改写基因让人类百毒不侵,难吗?

仇教授笑着说:那可太不难了,这个在技术层面上就是一剪一粘贴,只要我们找得准就可以实现。但这当中也确实存在问题,每一个具体的基因表达效用是复杂的,比如之前提到的 FOXP2 基因,如果对它进行调整,会带来语言能力的提升,但还会带来哪些附带影响?有可能当下还看不出来,存在些推测但我们并不确定。比如人的寿命会不会因此变短,或者他的下一代会变矮?对这些可能发生的变化我们还不够明确。

如前所述,当基因中的暗物质也完全破译之后,这些不确定都将找到答案。那一天到来的时候,真正约束我们行为的就只有伦理上的问题，改写基因就是技术上动动手的事情。

对于能不能改这个问题，我们必须在整个伦理体系的制度建构上有一个完整的建设，否则，这种修改将使我们的文明从根基开始接受狂风暴雨的冲击。

谁书写了基因密码？

谁书写了基因密码？当我们提出这个问题的时候，当我们在问"是谁"的时候，某种意义上我们先假定了认知这个世界的一个起点：这个世界是"决定论"的。这个问题的结论导向某种力量、某个人，或者大自然本身，它意味着我们认定有一个主体隐藏在一切事物的背后，做着某种终极决定，这样能让我们有一种卸下责任的轻松感。

可世界万物背后其实并不存在这个想象中的主体。没有谁在书写，只有规律。现阶段比较能达成共识的是进化之后的演化论，不是达尔文那个时代的进化论，因为那个进化论相对粗糙，经过100多年的修正完善，一步一步演化到了现在的模样。所以基因是很有趣的，它把整个演化的过程也写在了里边。

严格意义上讲，基因代码很像区块链，把之前的每一步都写就在这里。我们从最原始的单细胞动物，到哺乳动物的黑猩猩、猿人一路走来，我们的路径，包括中间犯的错误，这些信息都在基因复制的过程中被真实且完整地记录下来。通过几十亿年的时间，形成了一条完整的链条，人类就此产生。所以我们身上既包含着过去的枷锁，又隐藏着过去的密码。而一旦我们把基因真的弄明白了，就能真切地回答那个问题：我们从哪里来？

关于生命起源，学术界也有观点认为是彗星或者陨石所带来的。

但我认为，即使没有外太空，假设生命完全不可能来自外星的情况下，我们也有可能演化出精密的人体。

神创论认为人的躯体一定是某种拥有更高力量的主导者创造的。他们提出过一个观点，如果在田野里捡到一块手表，它无比精确，分针秒针丝毫不差。那么我们可以得出一个结论：它一定是个人造物。因为自然界中不可能会有这么巧的事情，那么漂亮的齿轮，那么精密、严丝合缝，它不可能是自然生成的，它只有可能是人工创造的。那么同理，人这么精巧的生物，就像那块表一样，背后一定有一个创造者，那就是神。这就是神创论当中很知名的一个论点。

进化论的学者对此有非常漂亮的反驳，那就是"时间的力量"。人如果造一块表，可能在流水线上短时间就造出来了，人类这个物种是没办法在流水线上短时间内造出来的，但如果把时间的尺度拉到40亿年，情况就不一样了。

只要时间的尺度够长，那么就有可能发生接近正无穷的变化。 比如一只猴子，它在键盘上随意按键，没有任何规律。假如这只猴子按了无穷长的时间，里面一定会有一段莎士比亚的文章。那么问题来了：它精密吗？它像一块表吗？它背后没有任何知识的力量，只是概率和随机分布量累积达到一定程度上的一种自然的无意识凝结。

就像法国现在有一台计算机，它有一个非常有趣的玩法，在电脑上输入你的生日，之后电脑会告诉你，你生日的这一段数字组合，出现在 π 这个数字小数点以后的第多少位。任何一个数字组合，只要在 3.1415926 后面计算得足够长，它都会出现。这就是无限不循环小数的奇妙。

这非常有趣。**在时间或者无穷的这种大尺度下，我们的生命看起来那么精密地呈现，依然是大自然的自我进化可以塑造和达到的结果。**

看似精密的生命其实是大自然在漫长的时间尺度里一点一滴书写的密码，那人的认知会不会也是被植入的某种既定的密码呢？

美国曾发生的"弗洛伊德事件"，一名叫弗洛伊德的男子在路边被警察跪压颈部致死，掀起了席卷美国的"黑命贵"思潮。

被跪压致死是事实。可当事实变成一个故事，这个故事该怎么讲呢？嵌入不同年代不同背景的叙事结构，这个故事就会有不同的讲法。我们中国人最早熟悉的是阶级叙事，跪压致死的那一幕一出现，我们会说这条街上，一个地主阶级和他的走狗正在迫害一个农民，或者一个资产阶级和他的走狗迫害了一个无产阶级，这是一个版本。阶级叙事是20世纪上中叶较为主流的叙事方式。然后是民族叙事，一个盎格鲁撒克逊人将膝盖紧紧顶在一个非洲裔兄弟的脖颈上，夺走了他的生命。接下来流行的是身份叙事，肤色是其中一种：一个白人跪压一个黑人，然后"黑命贵"就有足够的理由如火如荼了。性别身份也常常出现：基于男性女性、抑或是性少数群体来讲一个故事屡见不鲜。此外，更早些时候的宗教叙事、更细致划分的地域叙事在互联网时代也并不让人陌生。

而这些叙事结构是怎么来的？它不是我们与生俱来的，而是外部创造和植入的。正如我们的爷爷辈看一个故事，可能会带着阶级叙事的眼光。我们的父辈看故事会带着经济叙事的眼光，会用钱来做判断。到了我们这一代，身份叙事可能更为主流，一个白人跪压一个黑人，一个男性伤害一个女性等。我们会发现，时代特性、文化背景、政治经济环境，无不在最后凝结成叙事框架的过程中起着不可忽视的作用。

那什么样的描述才能够真正回归到事件本身？抽离如此之多的叙事结构的方法又是什么？

是先叠加，再还原。

先把所有你能想到的叙事模式都完整地建构起来，把足够多元的模型叠加在一件事情上，放在时间流动、放在文化背景中，尽全力接近你能力范围内所能达到的全景视角。这样你对一个事件或一个事物的判断才能接近全貌。即便如此，还需随时自省自己所建构之模式的有限性，保持对更大尺度视角的尊重和敬畏。

不同的人来讲同一个故事，哪怕他讲的都是事实，激发的情绪甚至截然不同。**今天的互联网所呈现出的最大的特点就是单一叙事。单一叙事成为思维与表达的主流范式，不同的单线条之间吵得一塌糊涂，谁也说服不了谁，谁也进入不了对方的叙事结构当中，舆论场上的极化现象因此也愈演愈烈。**

某种意义上，这也是我们社会基因写就的密码。

㊒
㊗

汽车

全力奔跑。静待佳音。

车的前世今生

要聊车，我们首先得问个问题，人类是如何延伸我们的脚力的？

这是一个非常有趣的问题。人的脚之所以能够迈向远方，核心原因是我们有位移的需求，这个需求自始至终贯穿了人类的历史发展。

大家有没有想过我们的体毛为什么没有了？与进化链上的类人猿如大猩猩、黑猩猩等相比，显然我们身上残留下来的毛发非常有限。我们会在猿的路上进化成裸猿，必定是因为某种进化优势。在特定时期内，毛发短的物种比毛发长的物种活下来的概率要高，然后就越来越短，最后只剩下薄薄的一层汗毛了。

为什么？

就是因为位移。因为长距离的奔跑需要散热，毛发短有利于散热。在非洲大草原上，裸猿最初的进化优势就是这么形成的。在与所有的大型物种进行搏击以获取蛋白质的时候，当时的我们有什么特别明显的优势吗？没有。我们既没有尖牙利嘴，也没有锋利的爪子。除了群居性以外，我们的优势只有耐力。作为智人，我们在长距离奔袭中的耐力，在全世界所有的动物当中无出其右。

短距离奔跑如猎豹、老虎、马等都是很厉害的，可是一旦涉及长跑，如马拉松这种项目，持续跑40多公里，除了人类，自然界中极少其他物种能够做到。即使是一匹良马，如果全速奔跑到一定距离，它也会受不了。其关键就在于散热，大量的物种用毛发来保温，可是一旦进行远距离奔袭，体内积蓄的热量就无法在短时间内散发出体外，就会面临体内过热，导致个体崩溃。

毛发的退化，让我们在位移上有了优势，所以我们才走出了非洲，来到欧洲，然后一路向东，最后脚步遍布整个地球大陆，建立起了各地不同的文明。

在奔跑位移的过程中，我们的四肢进化到直立行走，这个过程使得我们的脊椎变直，脑容量增加，我们开始使用工具，并一步步进化出语言文明，使得我们终于迈过了至关重要的那一步门槛，变成了高等智慧动物。

所以某种意义上，人类这个物种就是通过位移进化而来。

虽然我们在位移上有先天的禀赋，但显然随着人类历史的发展，单纯用脚力来实现位移是不够的，我们还要拓展自己的活动半径，所以畜力应运而生。我们驯化了很多物种，曾经用骆驼、马，甚至大象等动物充当交通工具，以此来作为我们脚的延伸，其中最成功的且与人类和平相处至今的应该就是马了。

从野马到家马,再到我们的坐骑,不同种类的马决定了这个部落的战斗力。通常来说,游牧民族的马战斗力强、耐力也好,天然碾压步兵。历史上,北方王朝游牧民族的战斗力曾经对中原王朝形成了持续的挤压。

四川三星堆文明出土了很多文物,其中有一些文物的形状、色彩等具有明显的印度或者埃及文明的特征。难解的是,那个时候古蜀国没有跟外部的关联机制,毕竟喜马拉雅山脉横亘在中国与印度之间,阻断了彼此的连接。对此学界有一个猜想,原因可能在于北方的游牧民族不仅跟中国的中原文明有持续拉锯的过程,再往西跟印度文明也有交汇。所以像类似金面具一样有着印度文明特征的审美符号,可能来源于游牧民族在北方草原上架起的绕过喜马拉雅山、连接古中国和古印度文明的桥梁。

这也意味着地理上的疆界远远不是我们想象的那样固化,在这个过程中位移起到了至关重要的作用。

马陪伴人类"走"过了漫长的历史,它早已不仅仅是一匹马,而是人类的情感伙伴,是朋友,是战友,比如关羽和他的赤兔马。当年男人跟马的感情,与今天男人跟车的感情类似。因此在中国,很多高档轿车的名字都跟马有关,宝马、牧马人、玛莎拉蒂,等等。宝马的车标 BMW 其实是德国巴伐利亚州发动机制造厂的缩写,但翻译到中国叫宝马,译名一骑绝尘。而 BENZ 翻译到中国就叫奔驰,音义两全。这些名字跟中国古代对于马或者对于位移的审美是高度契合的。现在有些男人下了车会下意识地拍一拍他的老伙计,并真诚地道声"辛苦了"。他们拍后备箱的这个动作跟古时候拍马屁股的动作是一模一样的,所以才有个词叫"拍马屁"。显然,这也是自古以来对位移和速度的喜好的继承和流变。

到了近现代,蒸汽机的使用,标志着汽车正式登上历史舞台。我们终于从畜力时代进化到了工业时代。

世界上的第一辆汽车出自德国工程师卡尔·本茨先生之手。1885年,他将一辆三轮车改装成看起来特别像现代汽车的交通工具。三轮汽车的动力来自一台二冲程单缸、0.9马力的发动机。有趣的是,我们衡量汽车的动力,用的词叫马力,我们直接将它的拉动力等于几匹马来完成最初的单位换算。0.9马力还不到一匹马的拉动力,但是它的火花点火、水冷循环、钢管车架、钢板弹簧悬架、后轮驱动以及前轮转向、制动手法,这一系列名词一听就觉得已经是现代汽车的雏形了。1886年1月29日,卡尔·本茨为其机动车申请了专利,世界上第一辆汽车获得了世人的认可。

我们终于离开了马,坐上了汽车。

起初,马车车夫非常反感汽车上路,经常会用手里的马鞭抽打旁边正在行驶的汽车的驾驶员。他们本能地感受到了来自汽车的挑战,对自己的职业即将消失的担忧与日俱增。事实上,如果在那个时代汽车再不出现,马车继续毫无节制地增长,不久的将来巴黎和伦敦等大城市很快就会被马粪彻底掩埋。

无论如何，我们从生物能正式走入了机械能的时代，这不仅大大改变了我们位移的速度和距离，而且改变了整个世界的能源结构。

第一辆汽车诞生至今也就 100 多年的时间，这在整个人类历史上也就是弹指一挥间，但它对人类的改变是革命性的，不仅让石油成为能源主旋律，而且让人类个体的活动半径大幅延伸。毫不夸张地说，这种活动半径的延伸相当于延长了个体的生命。

过去，人们从一个地方到另一个地方可能耗时两三个月，现在可能只需要数小时，尤其是高铁出现后，我们的活动半径在时空范围内得到了高速的延伸。而且，在这一百多年的时间里，作为一直陪伴我们的伙伴，汽车带给我们的安全感、稳定感、私人空间感，都是无可替代的。

我一直很喜欢看那些老科幻电影，几十年前创作上映的，比如 1973 年电影人心中的 2023 年，然后再扭头看看我们窗外货真价实的 2023 年，比较一下我们的创造力和想象力哪个跑得更快。

有趣的是，除了汽车之外，几乎所有老科幻故事里提到过的关于未来的展望，我们的创造力都跑到了想象力的前面。与 30 年前我们在科幻故事里描绘的手机、电脑以及信息传递工具相比，我们现在拥有的这些通信工具比那时想象的更好。

但是所有关于交通工具的部分，我们的创造力都是滞后的。立体交通、空中汽车、管道载客、飞行滑板等这些想象力丰富的交通工具早就在科幻故事里出现过无数次了，但至今我们没有实现其中的任何一项。

汽车机械行业核心技术的革新也是如此，我们现在用的V6、V8发动机，四五十年前跑拉力赛的汽车就已经在用了。汽车行业更新换代比较快的是车载多媒体和车身设计。车载多媒体得益于电脑技术的发展，车身设计得益于艺术审美的进步，这些都不是汽车行业自身的发展所得，而是借助其他行业的进步反作用于汽车工业。汽车机械行业本身没有什么创造性的进步。困扰地球人的堵车问题由来已久，至今仍未解决，我们出门看到的只是马路变宽了，2车道变成5车道，而已。

近些年，新能源汽车实现了从油到电的能源转换，可谓汽车行业创新的全新方向。很多国产新能源汽车制造商正鼓足干劲，蓄势待发。我们在传统能源领域无法追赶国际老牌厂商，像大众等传统品牌创立时间较长，品牌地位难以撼动。但是新能源汽车领域，咱们可以后发先至，再加上行业补贴的政策利好，我们已经在新能源电池技术方面处于世界领先的位置，某种意义上实现了弯道超车。

新能源汽车主打环保牌，但严格意义上来说，电动车现在还不是那么完全的环保。因为我们必须得问电是怎么来的，电池是否环保和安全。电池也要充电,如果这个电仍然是火力发电厂发的,是煤燃烧而来,这只不过是把环境污染的位次往前挪了一个环节,归根到底还是化石能源。电动车听起来是用电驱动,但只要电依然是由化石能源转换而来,没有完成实质性的跨越,也就很难做到真正意义上的环保。真正的环保是全流程体系都没有进行碳排放或只有较低碳排放,比如说风力发电、太阳能发电、光伏发电等这些纯绿色能源。如果只是碳排放前挪,那就不叫真正意义上的环保。

未来,更洁净和环保的低碳排的燃料方式大概有两种。第一种仍然是电动汽车,用锂电池来驱动。当然如果从严格意义上的环保来讲,我们必须用绿色洁净的能源发电,然后将电力注入汽车中,让它完成更长的续航。

第二种是氢能源的使用。氢气才是真正的绿色能源。如果一辆汽车能够用氢气作为能源,那它就是真正的环保车了,因为氢气燃烧之后没有任何污染排放,只剩下水,且这种毫无杂质的水的纯净程度达到了直接饮用级别。相比于纯电车,氢能源车续航长、加氢快,没有里程焦虑。但其劣势也非常明显,制氢、运氢、储氢、加氢四个环节的成本都不低,而且高压氢气本身的易燃易爆属性使得汽车安全性所面临的挑战比想象中的更大。

从世界范围来看,电动车这条技术路线跑得更快,但是氢能源车也渐渐找到了自己的节奏和玩法。

德系美系日系韩系车 VS 国产车，你 pick（选择）哪一个？

严谨德系

在传统汽车制造领域，德系车的老大地位毋庸置疑。我们所熟知的奔驰、宝马、奥迪这三驾马车，都是德系品牌。德国大众目前是世界最大的汽车公司，旗下有中档的大众、轻奢档的奥迪、超跑兰博基尼等不同层级的品牌。它在科研上的投入，动辄数百亿欧元，其他公司难以望其项背。在资本层面，德系地位可谓无可撼动。

严谨是德系车的显著特征。这得益于德国整个工业体系一贯以来的传统。德国人对于机械结构的严谨性痴迷到不可思议的地步，这可能跟他们的语言有关。因为**语言是建构思维的关键工具**，而德语是一种非常严谨的语言，它能将事物的细节阐明得极其细致。将对外部世界的客观认知和细致入微的抽象认知跟语言一一对应起来，德语的完成度极高。

人类历史上具有划时代意义的哲学家几乎都是德国人，如康德、黑格尔、尼采等，他们对世界本源的探索、对形而上的思考精细到无以复加。他们的思维已经严谨得像精密运行的机器，所以当然他们更容易造出精密运行的机器，比如汽车，因为其语言、思维的基本逻辑结构就是这样的。他们对于规则和规范的理解近乎刻板，这是德意志或者日耳曼民族骨子里的信仰。当然，这种对理性的极度信仰也会催生很多问题，从康德到阿伦特，不同时代对于这种纯粹和极致理性的批判和反思从未停下，对于感性的重视、对于人性回归的呼唤也一直贯穿在欧洲哲学界。

所以在二战期间希特勒为什么能说服那么多德国人，因为他确实让德国走出了一战战败国的阴霾，经济复苏，收复失地，找回了德国的尊严。德国人骨子里都是严谨的，只要你的逻辑推理能够完成，那他们就信。

在高度复杂化的人文价值领域，纯理性崇拜可能带来巨大的文明冲突，但放到机械制造上，这一定是无可比拟的优势。德国人制造的轴承使用寿命堪称世界之最，他们对一辆汽车的打磨精细到不可思议的程度。

当然，德系车也有明显的缺点，那就是不一定好看。但凡外观优美的跑车基本都是出自意大利设计师之手。在艺术审美领域，意大利人天马行空的雄奇想象力是无可比拟的。通常情况下，像兰博基尼、法拉利等高端超跑的设计工作都是由意大利工作室担任，生产制造却只能交给德国车间来完成。

彪悍美系

说到美系车,就不得不提福特,因为在汽车工业的几大重要变革中,福特是当之无愧的先锋。它是第一个将完整的流水线工业化生产运用到汽车领域的公司,从而影响了整个汽车制造行业。

在工业制造领域有几件划时代的标志性事情,它们对人类生活的影响是巨大的,甚至改变了人类生产的基本结构。流水线生产便是其中之一,它让整个工业效率提升到了一个新的数量级,影响的不仅仅是汽车行业,整个工业制造甚至物流行业,都被一条一条的流水线和一个一个集装箱彻底刷新,人类大踏步迈入了深度资本化的消费主义文明。

当然,站在政治经济学的立场上来讲,流水线把人的工具化、人的符号化向前推进了一大步。卓别林的经典作品《摩登时代》就表达了工业时代的流水线对人的异化,以及对此的反讽和担忧。

但如果没有福特喊出那句"我要让工薪阶层都能够买得起汽车",车怎么能走进我们每个人的生活?正是工业化带来的规模效应让汽车变成了日常消费品。这对工人阶级来说具有两面性,一方面它让工人阶级在流水线上成为工具,成为一颗螺丝钉;但另一方面,它迅速地让曾经高不可攀的消费品进入普罗大众的家庭,让欲望的满足周期大大缩短。

彪悍是美系汽车给人留下的普遍印象,美系汽车俗称"肌肉车"——大马力、跑直线、加速之王,但是一转弯就"歇菜"。因为它马力太大了,大马力后驱对操纵不是很友好,所以转弯不稳。这些都是我们对于美系车的先入之见,但现在很多新的美系车型,在操控的精准上有很大的改观。

高油耗是美系车的另一大特点,这是与它的彪悍相辅相成的,大马力必然耗油。另一个关键原因就是美国石油价格便宜,全世界的石油都是拿美元结算的,所以美国买油似乎只需要印美元去买就好了,这也导致他们在设计车的时候根本不用考虑油耗的问题。再加上美国地广人稀的地理特征,州与州之间的公路基本是直线连接,且里程较长,所以美系车只需要考虑加速的问题,不需要考虑油耗。而且因为跑的基本都是大直道,设计的时候也不太需要特别注重转弯的优化问题。

经济适用日韩系

日系车源于对德系车的模仿。日本在对德国工业精神进行学习和借鉴之后才有了本田和丰田的崛起。日本把工业流水线的效率优化做到了极致,所以丰田车既便宜又耐用。近年来,日系车也开始慢慢进军高端市场,各个品牌基本都有其所对应的高端系列。20世纪八九十年代日本车迎来巅峰时刻,当时他们想要做日本的法拉利,在顶级跑车赛道发力,但后来日本地产经济崩盘,对整个日本经济造成巨大影响,大大减少了日本车厂的资金储备,所以日本汽车迎来了一段蛰伏期。

经济适用是日韩车的共性。韩国是财阀社会,所以它的车企也是由大财阀支持的。在韩国,人们的生活没有任何一个细节能离得了三星、现代这些大财团。现代、起亚等品牌也是以性价比著称,跟我们国内的合资产品价格也是比较亲民的,但用起来很顺手,适合普通家用。

近十年来,韩系车比较强调设计感,韩国起亚曾经重金聘请德国奥迪的首席设计总监,所以有一段时间整个韩系车包括现代、起亚等的整体设计,呈现出欧洲车尤其是奥迪的设计风格。韩系车的流体雕塑风格,展现出极致的流动性和平滑,毫无棱角的设计,迅速获得欧美市场的审美青睐。

在德国高校工作的韩裔哲学家韩炳哲曾经说过,现代审美的核心就一个词:"平滑"。建筑、汽车、手机等的设计趋势都是化繁为简,极致的平滑开始成为这个时代所有工业设计中一种美的共识。

因为平滑意味着无对抗性,意味着最大程度的包容、最大层面上的共识,意味着没有反面,没有否者,没有负面评价,甚至连他者都缓缓隐身,只剩一阵又一阵舒适的平滑旋涡。细细一想又极合理,**同者的最大化是利润的最大化的必然要求,资本逻辑吞噬一切,艺术与审美也无力地沦为了消费主义世界外壳上一层薄薄的包装纸。**

优雅英系和浪漫法系

英伦海岛孤悬海外,它跟欧陆的风格很不一样。它的历史积淀,尤其是大英日不落帝国的传承,使得整个英国的等级观念、传统观念,特别是皇室观念非常重。007系列电影里主人公一出场就是熨帖的燕尾服或是萨维尔大街上定制的笔挺三件套,一丝不苟的领结胸巾,配上阿斯顿·马丁的DB跑车,绅士优雅十足。阿斯顿·马丁是英国跑车的典范,它对线条美感、对于车身比例的黄金分割极其讲究。包括号称汽车界皇冠上明珠的劳斯莱斯以及老牌豪跑宾利等都有着英国血统,它们其实都跟英国皇室有着千丝万缕的联系。劳斯莱斯前面直瀑式的引擎盖装饰,跟当年英国皇家马车前面那一条一条的线是高度相似的,包括它的对开门设计,跟英国马车的对开门也一脉相承,我们从中可以看到它对独特的英伦传统的迷恋和继承,皇族风范、贵族气质,都是英式车非常鲜明的审美特点。

那浪漫就是法系车的标志,它们一般不走寻常路。你在路上看着长得最不像车的车基本都是法系车,如雪铁龙公司有一款毕加索,就是一个水滴的造型,还有DS等品牌,在设计的创意度上经常让人瞠目结舌。

不同国家的车都有自己鲜明的特点,这跟这个国家的气质、禀赋是强相关的,它的工业品审美表征一定是这个国家民族性格的外化。

国产车日新月异

近 20 年来，国产车的发展可谓日新月异。20 年前，我们对国产车的印象大多是廉价、粗糙、返修率高。但历史的车轮滚动之快出人意料，近十几年来，中国发生了翻天覆地的变化，尤其是中国举办 2008 年北京奥运会和 2010 年上海世博会两个世界性的活动之后，中华民族的造车实力在审美格局和眼界方面豁然开朗，我们意识到了不能老跟在别人后面跑，我们得有一个让同行和消费者发自内心尊重的自主品牌。

一个品牌，如果不能得到同行和消费者的尊重，覆灭只是时间问题。所以如果想赚快钱，你可以去模仿或者抄别人的作业，但如果你想真正做一个属于自己的有荣誉的品牌，走出去能够掷地有声、腰杆儿倍直地说"我是这个品牌的创始人"，那就必须要有自己的文化符号和审美体系。

当国产车的外形设计开始有了"秦汉唐宋"这些鲜明标签的时候，我觉得这个审美体系正在慢慢建立。这些汽车的前脸跟博大精深的中国汉字高度融合，造就出独特的中国审美风格。"宋"系列车的前脸就是个宋字，"秦"系列车的前脸就是个秦字，"汉"系列车的前脸就是个汉字。尤其是看到"汉"系列车的时候，因为我是武汉人，顿时觉得有某种自豪感被激发了。这系列的产品一亮相就知道是属于中国的品牌，甚至可以在世界上也引领某种审美的样式。

很多年轻一代的华裔工业设计师开始回国，他们在欧美的相关院校学成归来,投身于民族车企,为国内的汽车事业注入新生力量。现在我们看到的国产车,无论是外部设计、内饰细节、机械工艺,还是用户体验、售后服务、整体营销等都已经不可同日而语了。国产品牌已经从"我要活着"到"我要挣钱",进化到"我要挺直腰板挣钱""我要变成某种荣耀"的阶段了。

现如今漫步商场,你都不知道自己是在逛商场还是在逛车行,商场一层到处都是汽车专卖店。商场一楼那可都是寸土寸金的地方,国产车企能在这种黄金地段开店,当然有营销方面的用意,与隔壁的某高奢品牌强相关性的出现,就能影响到用户心中价格锚的位置,关乎品牌的层次和心智的占领。从背后来看,一方面说明资本的青睐,大量的资本进入了这个行业;另一方面意味着国产车企利润率的提升,能够支撑车企付出这样高昂的营销成本(当然,成本高到一定程度时会不会影响到资金链,各家也需要在风险与收益交汇处如履薄冰)。

如果不是新冠疫情的影响,我们的国产车可能会快速地发展到输出阶段。事实上,国产车之前在俄罗斯以及东南亚和中东地区的销量都非常好,而过去一两年里,北欧、拉丁美洲市场也正在快速建立对中国汽车品牌的认知。最初大家觉得我们会是下一个日本,但现在大家知道我们绝不是下一个日本,我们是第一个中国。2023年,比亚迪一个月的国内销量就已经超过日系三驾马车(本田、丰田、尼桑)的销量之和了，这往前推五年又有谁敢想象呢。属于国产车的时代，即将掀起山呼海啸的巨浪，很快就要向我们袭来。

Dream Car

　　理想中的未来之车是什么样的？我认为关键变革在三个方面：一是外形设计；二是交互系统；三是动力系统。

　　在外形设计上，现在的趋势是追求极致平滑，某些超跑已经是让风洞来画腰线了，真没想到，在高速阶段下压力最大化的目标导向下，车的形状自然凝成了风的形状。也许，后工业化时代返璞归真也不一定，未来设计可能会重新在大自然的极美线条中找寻灵感，比如海豚、鲸、鹏、极光甚至就是一片树叶——谁知道呢，也许工业设计要走入全息故事化时代了，一片真的极有故事的树叶的边缘线条，足以短时间引爆自媒体，让无数消费者心醉神迷、心驰神往继而趋之若鹜。

　　其实，汽车设计的未来完全不必循规蹈矩，是充满想象力的。因为我们大踏步迈入的新能源时代，前引擎盖下的发动机已消失不见，这给所有的汽车工业设计大师提供了一个全新的共同起点，海阔凭鱼跃，天高任鸟飞。之前的设计要考虑如何在有发动机的情况下实现它，要考虑工业制造的能力,如何合理安排机械安装,考虑良品率,而现在电动车最下层一整层的电池板,上面的线条真的是任你画了,设计师一秒变神笔马良,想象力驰骋的空间被大幅打开。

交互领域也就是人和车的信息交互方式,包括我们要怎么来操控这台车,包括车辆的信息要怎样与后台的大数据系统对接、互动和再激发。

比如操控部分。一百多年来,我们都是用方向盘来操控汽车,方向盘是一个多么古早的元素,直到今天我们还在用一个中空的圆形结构,来控制足下的四枚轮毂的方向,一方面说明了它的合理性和生命力,另一方面也折射出这一百多年创新的匮乏。

我们可以畅想一下,如果没有方向盘,该怎么操控一台车?我最先想到的是用手机操控,像玩赛车游戏一样。这个并不难,只要连上蓝牙就可以实现。现在的自动倒车、自动驾驶等,基本上实现了方向盘的解放。或者利用手势进行操控,类似体感游戏。这些操控方式的精确度离方向盘都有一定距离,需要在技术层面进一步精细化。

我比较期待出现的是脑机接口。我曾经看过一个视频,一只猩猩在用脑机接口的方式玩一款电脑游戏。游戏开始时,猩猩用手推操纵杆,来控制屏幕上的光点去触碰目标位置。事实上,猩猩的大脑通过脑机接口已直接与操控系统相连接。等猩猩玩熟悉之后,物理操纵杆的连接线被悄悄移除,控制光点移动的信号输入已悄悄转变为脑机连接的方式。当然猩猩并不知道，它玩得开心又顺利且它仍然以为是操控杆在起作用。我们看到，在猩猩身上，脑机接口可以通过脑内电信号精确控制光点移动，完成游戏任务。

所以未来的汽车，很有可能我们只要戴上一个头盔，大脑说往左开就往左，说往右开就往右，说快就快，说慢就慢，说刹车就刹车，那也是方向盘终于要进入博物馆的时刻。

那更加极致的畅想是车与交通体系的结合，这样脑机接口也不需要了，人坐上去只需要发出指令，目的地是哪里，然后就可以自由安排时间了，睡觉、喝茶、看报都可以，坐等汽车将你带到目的地。这一整套系统依赖于大数据算法的配合及交互，这当然对网络的要求非常高，高传输率、低延时，同时也需要设计完备的隐私保护系统和整体安全系统，不然如果遭遇黑客攻击，恐怖袭击就变得太容易了。

当然不得不说这样的畅想稍稍有些遥远。那如果再近一点呢？

以下畅想几个未来五到十年有可能进入我们生活的商业可能性。

车主驾驶习惯的数据包——包括日常加速习惯、极速范围、刹车介入时机、变道习惯、情绪化驾驶的出现频率等内容，一旦与保险公司共享，针对性的个人定制版保险费率折扣就新鲜出炉了；再结合一套新的算法公式，没准一个公开透明全自动定价的二手车交易平台就能初现雏形。再想想卫星定位技术的快速发展。现在的北斗卫星系统定位误差在技术上已经缩小到 5 厘米以内了——也就是说能精确定位到具体行驶在哪条车道上。可以想见在不久的未来,交警的工作场景将会发生一个巨大的变化,交警足不出户完成交通事故的定责不再是梦想,毕竟在精准定位和轨迹再现的加持下,结合城市大脑的街道摄像头天网系统,交通事故发生的下一秒,也许系统就已经自动进行了定责、扣分、罚款等一系列流程,保险公司的定损和理赔没准也已在线上处理就绪了。而各个车辆的微观数据包一旦在后台汇入整体的大数据系统,整座城市的拥堵预警、可变车道的调整、所有红绿灯系统亮灯时间的联动调整都可以用一套整体最优解的宏观动态实时算法来主导,解决大城市最让人诟病的堵车难题没准就要看到曙光。而且整体数据接入后,停车位使用效率也会大大提升。如果停车、堵车两大难题都迎刃而解,各一线城市的汽车限购政策也就失去了施行的土壤,所释放出的巨大购买力可以回头再反哺各车企更新技术的研发和推广。

这里所形成的商业闭环的背后,一方面,是个人消费者交通效率的巨大突破和交通体验的质变提升;另一方面,宏观上而言,我国的交通事业将大踏步地迈入到下一个技术时代。当然,这背后除了信息技术的更新迭代,还需要与数据相关的隐私保护、权利关系的理顺,以及数据延伸出的利益分配机制的公平,需要法理和伦理的进一步进化。智能交通时代几乎是技术发展的必然,由衷地希望我国在这一领域最先迈开大步。先发优势、巨大市场的规模叠加,加上中国特有的宏观执行效率,十年之后的一条普通城市街道长什么样,我太想去看看了。

当然,未来汽车最核心的变革来自动力系统的能源获取方式。这也是最难进行路径想象的部分,因为能源的革新,需要一个漫长的积累期,缓慢的进化期,然后到了临界点爆发一个质的转换。我们在化石能源的结构里已经走了两三千年了。从最早的马车生物能的直接使用,到煤炭蒸汽机车完成热能到动能的转变,到石油内燃机车,能源转换效率越来越高,下一步要走至什么方向?

迫在眉睫的下一步肯定是电能。国产新能源品牌都是在电能上持续发力。事实上一百多年前,电动汽车可是在内燃机汽车之前就已发明出来,相比于电机,真正的技术难关卡在了储能上——是的,那时候电池储电太少,电池又太重,自己带的电甚至都拉不动自己。而21世纪初电池储能技术的不断突破与创新,是电动汽车加速向我们驶来的核心加速度。

未来汽车,本质是块电池,当然现在电动车已经是块大电池了,但是未来汽车的电池可能不再只是一个单体,它是一个巨大的能源结构当中的一环,也就是说以后车上的电备着不只是给车用了。

这种能源结构在未来可能最先应用在房屋上面,所有的房屋都是发电站，它不只是储能系统，还是能源生产系统。首先房顶、墙壁将全部是光伏覆盖，充分利用太阳能。其实中国的光伏产业已经遥遥领先，生产技术非常成熟，价格便宜，但为什么现在还不能大规模地应用呢？关卡在于电的储存问题，也就是我们用剩下的电能还没有更有效的储存方式，电池储能机制的转换效率达不到这个要求。一旦电池的效能转换有了质的飞跃，那么所有的房屋都将是发电站，这就叫去中心化、区块链式的电力供应系统。

一旦房屋成为发电站，车子就能成为储能设备，我们就真正进入了电力共享的时代，你的手机不是只能插在自己车上充电，还可以插在别人的车上充电，所有目力所及的移动终端，都是一个移动的电力堡垒。

再下一步呢？"氢"也是个非常棒的选项。极易获得，极大储量，极其环保，燃烧只产生热量和水，简直是再理想不过的燃料候选项。在以氢气为动力的新能源汽车的研发上，日韩启动得比较早，像现代等品牌，氢能源家轿的商业化也早在布局中。中国在大型汽车如公交、卡车等车型的氢能源研发上也颇有建树，但在小型家用车领域还是以观望态度为主——毕竟加氢站、维修站点、维修保养人员的培养等一系列氢能源保障体系建设还有待完善。不过在接下来十到二十年的时间里，突破重点技术瓶颈，千呼万唤始出来后，千树万树梨花开，并不是没有可能。

能源问题的终极解决,重任怕是要落在可控核聚变的身上了。漫威世界中,钢铁侠没有如绿巨人、美国队长般的基因变异,更没有雷神般的天生神力加持,他作为一个最普通不过的人类,是什么让他有比肩神明的力量呢?是胸口的那个微型核聚变反应堆。有人推测,核聚变是我们现存可探明宇宙中的能源转换效率最高的形式,理由也很充分:现在我们可观测到的恒星,都是以核聚变的形式向外散发着光和热。在百亿年的时间尺度下,如果还有更高效的能源转化形态,恒星们应当进化到那种更高效的形态,但是并没有,由此可以证明核聚变已经在能源转化效率的金字塔尖了。一旦人类攻克了这个宇宙的能源塔尖,真的让核聚变的巨大能量能够为人类所用,人类文明将真正进入一个全新的纪元。能源价格一旦无限接近于零,那么整个现代经济学的基本假设——"资源有限"将完全被颠覆,不要忘了,物质本身也是能源的一种存在形态,质能方程也清晰地展现出了两者可以相互转化的奇妙未来。我们整个历史展现出的文明表征都是建构在"匮乏"这个地基之上的。而我们即将第一次,迈入那个未知的"充裕"时代。在那个时代,我们需要一整套全新的而不是小修小补的经济学体系,而在此基础之上建构的社会结构、政治范式、伦理框架、意义诠释系统都将完全被改写。不知道我们这一代人生命和目力所及的范围内,会不会见证这样一个人类文明新纪元降临的时刻呢?

这幅未来文明图景需要力量来完成颠覆式创新,最具有突破现有体系发展桎梏动力的当然是中国。支撑以石油能源为主导的国际贸易体系的是美元，那全新的时代呢？如果世界需要对整体的化石能源体系有颠覆性的突破，没有谁比中国更有动力去做这件事情。2023年4月12日21时，中国有"人造太阳"之称的全超导托卡马克核聚变实验装置（EAST）创造新的世界纪录，在第122254次实验中成功实现稳态高约束模式等离子体运行403秒；2023年8月，来自中核集团的新一代"人造太阳"中国环流三号，创下我国磁约束聚变装置运行新纪录，第一次实现了一百万安培等离子体电流条件下的高约束模式运行。这一个又一个的重大成果，预示着中国磁约束核聚变装置运行水平已处于全世界领先行列。值得骄傲，但我们要切记，未来路还很长很长。这是一场马拉松，我们现在毫无疑问在第一梯队领跑，但如果中华民族在这场赛事中取得了最后的胜利，那这绝不仅仅是属于中华民族的伟大复兴，更是属于整个人类命运共同体迈向下一个文明阶段的璀璨，这是智人这个物种的荣光。

油门就在脚下，方向就在前方。

全力奔跑。静待佳音。

我自己的第一台车是德系车。我至今无比清晰地记得，那是一个落日余晖的黄昏，在老家一条破败不堪的泥泞的乡村小道上，一辆银色的小轿车缓缓开过，它的腰线非常漂亮，在我面前画出了优雅的弧度，我瞬间就呆住了。回去之后我就开始查资料,原来设计师是传奇设计大师沃尔特·德·席尔瓦先生,他说那款车的腰线,是他这辈子最满意的一笔。那是他在威尼斯亚德里亚海边散步时,向他涌来的那朵浪花的弧线。一位工业设计大师,一辈子的作品中最美的那朵浪花,撞击到了多年以后地球另一边的一轮落日下的一位青年人。那一刻我就知道,这就是我的 Dream Car。

它是一段青春的印记,是那一霎的烟火,是那段时间你的张望、邂逅、慌张、期待、朝着它的奔跑和奋斗,直至来到它身边的全过程,它构筑了你的青春,完整了你的梦。

有聊

现代
日本

在变与不变中找到间性的存在。

日本：我是谁？

我们在聊起世界上的国家时，不可回避的一个国家就是日本，因为它好像离我们最近又最远，很大又很小，是一个有着非常多矛盾和冲突的集合。

从地理位置上来说，日本紧挨中国的东面，我们从上海出发，两个小时就能飞到日本，非常近。但是一次侵华战争，又把我们民族之间心与心的距离拉得非常远。

我们觉得它很小，一个岛国，跟中国的国土面积没有可比性。但实际上，脱离我们的视角，日本作为一个岛国，它的面积不大，但也不小，它本身是由岛屿组成的一串岛链，如果把日本的面积铺开了放到欧洲，它并不小。

所以小和大这两个关键词就成了我们看待日本，和日本看待自己的最大的分歧。我们说小日本，但是日本说大和民族。

在漫长的古代中国，我们觉得自己毫无疑问是世界的中心，世界是以"天下"的形式，以一个同心圆的环状差序结构附着在我们周边。日本只是其中一个附着物，它的人种在外形上跟我们高度一致，它的文化跟我们同根同源，它的文字里有汉字，它的礼仪、服饰、茶道、艺术的审美跟我们有着千丝万缕的联系。

即便古代中国在很长时间内国力的确世界第一，但日本派来的遣隋使在给隋炀帝的国书上却是这样写的："日出处天子致日落处天子"，让隋炀帝大为光火。

我们可以从中看到，中日两国在看待相互的位置关系上是有很大差别的，站在日本的角度，他们认为自己是日出之国，而中国是日落之国，这已经不止是在谋求一种对等，甚至是带着某种优越感了。而站在中国的角度，我们一直有一种自己是世界中心的视角。这两种潜意识里差别的预设，是在很长一段时间的发展过程中，两国争斗的一股暗流。

作为一个岛国，日本由于资源的匮乏带来的危机感是与生俱来的，所以它面临的一个很重要的问题就是：我是谁，我到哪里去寻找自己文化扎根的地方。

在古日本比较漫长的时间里，它锚定的对标物是中国，所以不断地派遣特使到中国来学习。而从近代开始，它的锚定物发生了转变，伴随着明治维新，它非常干净利落地转向了西方，传统日本向现代日本转变的这个过程，这一步是至关重要的。

刀与菊可以说是日本文化里最有代表性的两个意象，也是他们追随的两个根源性的核心，刀与菊其实就是力与美，在物质文明上追求以力取胜，在精神文明追求上以美为超越。

对力的追求是渗透在日本血液里慕强的因子，让他们快速地完成西化，订立宪法，实行君主立宪制，资本主义迅速发展。于是近代我们在说西方列强的时候，常常会提到英、德、法、日，日本就这样悄悄地完成了身份的置换，被包含在了西方列强里头。

我们中华文明的民族认同和文化寻根其实是建立在极其浓郁的血亲关系之上的，所以我们把"我们"和"他们"区分得非常清楚，我们在回答"我是谁"这个问题时答案非常清晰，我们黄皮肤、黑头发、说汉语、过春节，我们有宗祠，要认祖归宗。

而日本在追寻"我"的过程当中，一直是在往外看的，它在自己的土地上找寻不到答案。隋唐时往中国看，到了近代就毅然投入了西方文明的怀抱。

在坚船利炮敲开日本国门的时候，日本人心中最初的困惑是：为什么要欺负"我们"？即便西方侵略了它，那也是因为西方足够强大，社会达尔文主义就是这样运转的。等它完成西化自己强大起来，这个困惑就变成了：为什么不能是我们欺负别人，我们在欺辱链上为什么不能是更高阶的位置？所以它发动了侵华战争，它要让自己在这个链条上完全地自洽。

我们惊讶于日本如此迅速地完成了对另外一个文明的认同，因为近代我们也做了向西方学习这件事情，但是效果显然远不如日本。

为什么？

第一个很重要的原因就是上面聊过的，日本文化的根不是内源性的，而是往外延展的，正因为没有那个更为坚定的自我在束缚，所以它转变的姿态就更轻盈，没有那么多要去对抗的思维方式。

中国不一样，**中国的自我太厚重，全盘接受一种异质文明是不可能的事情。**我们始终认为要中学为体，西学为用，对西方的文明长时间停留在一个表层的器物意义上的学习。

还有一个原因可以提供另一个微观视角，就是日本对性的理解。把日本放在整个东方文明甚至世界文明当中，它对性的认知和理解都很特别，一直延展到今天也是如此，比如在日本男女共浴很正常，都在一起泡汤。

近代英、法、德登陆日本之后，很多士兵的日记记载了他们疯狂的岁月，犹如来到了伊甸园，之后大量的混血宝宝在日本出生了。包括二战日本战败之后，美国人接管了日本的重要城市，又是一轮混血宝宝潮。

这就导致在面对西方文明时，如果对我们来讲，会觉得那是"他们"，但对日本这帮混血孩子来说，这就是父亲所代表的文明，他们的血缘天然地成为文明交流的桥梁，甚至在明治维新中成长为中坚力量。

"我"想成为谁？

日本在漫长的历史空间当中，是作为中国文化的一个分身而存在，它是一个很巧妙的镜像，所以我们喜欢观察它。他们和我们那么像，在明治维新等关键时间节点上，它都做出了另外一个选择，然后走上了一条完全不同的道路。

日本在观察、面对我们的时候，也有着极其矛盾的心态，有对地大物博的自然资源的垂涎，也有对悠久历史文化的模仿和学习，既想要兼容并包，又想要战胜超越。

这种自负或者某种意义上的自卑让日本在近代走上了军国主义的道路，分别在甲午中日战争、日俄战争中挑战中、俄，要做亚洲的No.1。之后发动侵华战争，要建立大东亚共荣圈，试图把整个中国纳入自己的资源范围，然后向世界发起挑战，偷袭珍珠港，这些看似极不理性难以理喻的决策背后都扎着那根小小的自卑的刺，而这最后也成为牵引日本国运的根源性力量。

日本有海洋文明的根，但一直又抱着一颗向大陆文明学习的心。所以在过去一两千年的时间里，它都面临这样一种撕扯。有些海洋文明比如爱琴海文明、大英帝国文明，它们是有主体性的，它们自发地自为地升腾出相当丰富的文化宝库。但日本的文明一直不具有非常鲜明的主体性，是一个依附性质的海洋文明，它走的始终是一个模仿、追赶的路径。这条路径什么时候走到内观自省这一步，它的文化主体性地位才能坚实地建构起来。阿德勒的《自卑与超越》中虽然研究对象是个体人类，但将主体替换为国别时，也有着奇妙的启发。如何从自卑始，踏上超越之路？日本任重道远。

二战之后，日本慢慢踏出了这一步。

曾经它向东方学习，东方文化很美，但力量较弱，刀不够锋利。然后它向西方学习，从里到外改天换日，全盘西化。

可是，两颗原子弹扔了下来。

原子弹给日本带来了巨大的民族创伤和精神创伤，几秒钟的时间里，两颗炸弹让几十万人灰飞烟灭，全人类的历史上只有日本体验过这种彻底的绝望。

向外去寻找"我是谁"这个问题的答案，这条路径彻底崩塌。

战后美国快速地接管了日本，以天皇为完全精神中心的体系也坍塌了。日本人有了言论自由、集会示威的自由，在经济上小步快跑，轻装上阵，快速复苏。但是国内的文化界和思想界反复地交锋，最后发现没有自己的民族共识和文化共识，都是外来的。

那一代日本人面临的是必须开始往内看的问题，而在这种冲突中，确实有一批作家、电影人、设计师，在文化产业上快速地找寻自己的定位，找寻自己的内观。

因此，20世纪五六十年代后，日本自己独特的文化形象坚实地建构起来了。这一刻它终于开始跟自己逐步和解，不再通过向外的学习和模仿来决定我是谁，而是通过我想成为谁，来决定我是谁，这一转变非常宝贵。

三宅一生是日本当时新时尚的开端人物。他的目标是进入西方市场,那就得向西方展示,服装设计的灵魂是什么?

他给出了精练的回答:一块布。

当服装被赋予越来越多意义的时候,三宅一生用"一块布"的理念让服装回归了本质。

因为日本的和服就是由一块布做成的,它没有尺码,通过系带来调整,来符合不同人的体形。所以三宅一生的设计理念就是应该让衣服去适应身体,而不是让身体去适应衣服。

有一段时间,三宅一生的设计就是卖给顾客一块布,布料上面有很多虚线,顾客得自己把它剪出来。穿者被加入整个服装成型的过程之中,这一块布最后成为服装,还需要穿者那必不可少的一剪刀。

从一块布里,我们看到**属于日本的精神,就是最大限度地利用材料,回归人的本身,在变与不变中找到间性的存在。**它曾经向东方寻找,也曾向西方学习,都没能完成自我精神的确立,最后无路可走的时候,在绝境中,这个找寻的过程竟自然形聚成了日本的精神之核,那就是"间"。

间是空间的间(第一声),也是间离的间(第四声),在空间上保持一定的距离,从而产生间离。法国的心理学家拉康提到过"主体间性",他认为,主体是由其自身存在结构中的"他性"界定的。这种"主体中的他性"即主体间性,简直是对东西方文明之"间"的日本文明之根的绝妙描述。

这种间离的概念投射在服装设计上时，就是衣服跟身体要保持距离，要有间隔，服装剪裁的本质，是创造衣服跟皮肤之间，那一层薄薄的流动的"气"。"气"是以"间"为基础，日本文化中又一重要的审美意识。这样你整个人的空间形象就不是由衣服创造的，而是由衣服、人与"气"共生带来的。

从三宅一生到山本耀司、川久保玲，无一不是在色彩、空间、审美上将日式美学践行到底。

当然不仅时尚界，从雕塑、建筑、绘画，到音乐、文学、设计，从安藤忠雄到隈研吾，从黑川雅之到原研哉，从宫崎骏到久石让，从川端康成到村上春树，感谢大师们在各个领域如雨后春笋般涌现，我们不断能感受到日式美学的具象。

为什么日本的文化在战后迅速获得了西方的认同？因为这种主体间性的概念跟西方的人本主义或个人中心主义在本源上契合，同时又有着对西方的强主体性的微妙挑战，尊重人的自由，同时人与人之间保持必要的距离，不要侵入我的世界。

当这些带着日本自己历史流变印痕的精神内核，与世界主流的认知同频共振，并获取了来自自我和来自他者的正向认同，日本才真正地回答了我想成为谁的问题。

返璞而归真，得意而忘形

日本的民族精神和文化特性到底有什么是值得我们去学习和借鉴的呢？

我觉得是对理性或者逻辑的注重和借鉴。

我们当然有自己的精神宝库，但也必须承认理性、逻辑是我们的一个缺憾。logic 这个单词翻译成中文的时候，居然只能音译。中华民族几千年的历史，穷尽先贤的各种典籍，先秦诸子百家、程朱理学、阳明心学，等等，竟没有一个词与 Logic 对应。那我们之前是用什么语词来表达这个意思的呢？

战国时公孙龙提出"白马非马"可能是我们离逻辑最近的一次，差一点就能导向逻辑的三段论：大命题 + 小命题 = 结论，但是最终却走向了"名实之辩"，当时"名与实"的关系在整个社会范围内已经争论了很久，这一次的偏移让整个中国思想史与逻辑渐行渐远。

所以当 logic 这个概念出现的时候，我们在四书五经里找不到与之对应的答案，只能音译为逻辑。但我们又必须承认，无论是现代东方还是现代西方，剥离文明的外壳，抛却文明的历史，逻辑和理性是基石。在这个基础上我们才有了科学，才有了这么多的实践和超越。

逻辑的缺失在中国近现代发展中带来的弊病显而易见，我们意识到这个问题，在新文化运动时大力呼唤德先生与赛先生，但显然只呼唤赛先生仍然是不够的。

日本在近现代的发展中，疯狂地痴迷德国的工业体系，其生产中的严谨、精细，低故障率、高出厂率，是德国的理性、科学精神印刻在工业品上的标识。日本在追赶德国的过程中，也形成了包括丰田、本田、松下、东芝一系列高标准的工业品生产线，甚至在20世纪80年代还反超西方，将这些产品大规模输入欧美市场。其对理性精神和逻辑精神的注重和借鉴，深度继承了这种严谨所诞生出的规则意识、工匠精神。

聊到日本还有一个绕不开的话题就是动漫，这几乎是现代日本在向全世界进行文化输出时最有标志性的文化产品。但其实日本动漫产业也曾有过向中国模仿、借鉴的过程。

1940年，万籁鸣制作出了亚洲第一部有声动画长片《铁扇公主》，上映不久，侵华的日军就拿走了《铁扇公主》的拷贝当作战利品带回日本播放。一播出就在日本引起轰动，用万人空巷来形容也不为过。其中有一位14岁的少年从此立下了要做动画片的志向，他就是后来的阿童木之父手冢治虫。20世纪80年代，手冢治虫和宫崎骏先后来到上海美术制片厂，《九色鹿》《小蝌蚪找妈妈》，还有万籁鸣导演的惊艳世人的《大闹天宫》都给了他们很大的启发。手冢治虫还画下了阿童木与孙悟空握手的漫画。日本这一拨动画大师从中国动漫中是吸取了很多养分的，水墨动画中那种流动的意境，对艺术细节的极致追求，都影响了日本后来的动漫创作。

这背后，是一代中国动漫创作者抛去外部的压力，潜心进行艺术创作所取得的成就。可惜后来中国动画在市场化的浪潮下开始走上了一条低幼化的路线，并且再无能称得上艺术品的作品问世。直到近几年的《大圣归来》《哪吒之魔童降世》才又让我们看到了国产动漫之光。

而日本动漫精神中对于人性至真至纯的追求，也体现了近现代日本艺术史上的两个精神内核——返璞归真、得意忘形。

返璞归真指的是不要雕琢，少动刀，少动手，用最朴素的方式来表达真。黑川雅之在《日本的八个审美意识》一书中将日本美学之魂总结为"微、并、气、间、秘、素、假、破"，其后四魂"秘、素、假、破"以隐匿、直白、顺应和破灭的不同途径，最后完成对艺术审美之真的抵达，美感天成，静心悟之。

得意忘形则表意更加多元。一方面，可以用来描绘对中国发动侵略之前的日本，快速的经济发展和现代体系的融入，让日本有点得意忘形，以致踏上歧途，带来人类历史上重大的悲剧性的时刻。另一方面，战后的日本，它在对中国文化精神的追逐，在东西方价值观念的碰撞，在内观自己文明内核的过程当中，渐渐开始做到了得其"意"而忘其"形"——谓之得"意"而忘"形"。

《灌篮高手》里樱木花道哭着对安西教练说："教练，我想打篮球！"就是这样一句简单的台词，激起了多少人的青春热血，唤回了多少人的炽烈回忆，是多少十几岁男孩心中的呐喊。

好简单的落点。

也许这就是返璞归真、得意忘形的那一刻了。

㊒㊊

死亡

死是必然,我们必须用生来诠释死。

向死而生的意义

我第一次认真地思考死亡这件事，是在十二三岁的时候。在寂静的夜晚，躺在床上辗转反侧，突然就被这个问题深深地困扰。闭上眼睛再也不睁开，是死；闭上眼睛睁开了，是睡。

那，死了之后会怎么样？我会去哪里？还有我吗？还有多少人记得我？如果那一刻是必然的话，我来这一趟的意义又在哪呢？这些问题纷至沓来。

在思维层面触碰死亡之后，必然产生巨大的虚空所引发的巨大的无力感。从心理学意义上，它也是自我意识的一个起点：当你开始认真地思考一段完整的生命形态，就一定会触碰到死亡。所以，这应该是一个开始走向成熟的起点，从只为满足口腹之欲的阶段进入一个全新的生命阶段了。

中国特定的文化环境，对死亡这个话题是讳言的，叫作避讳。我们很少跟父母、跟师长、跟朋友去聊这个话题。避讳的最后，大家都只能非常孤独地寻找这个最艰深的问题的答案，而这种孤独，使得死亡的恐惧被死亡自身不断地加重着。

但海德格尔说："死是一个过程，亡是一个终点。"前一个字赋予后一个字意义，我们用奔向最终结局的全过程，尽力地去创造意义、编织意义之网，把我们的整个生命兜起来。这才有了那句著名的"向死而生"，用死来倒逼生的意义。

如果有一天当我们人类真的永生了，那么也许"生"的一切都将重新定义。如同传统经济学，整个结构成立的前提预设是"资源的有限性"。我们的社会，过往的整体意义结构是建构在"时间的有限性"这一前提之下的。死是必然，我们必须用生来诠释死。**我们知道那个终点必然存在，所以必须赶在它之前，把该做的事完成，把我们的价值排序激发出来。**

我们听到过这样的故事：一个老人得了癌症，医院宣判他只剩三个月，他的儿子就开着房车，带着父亲游遍人生中想去的地方，不留遗憾全都走一遍。最后他带着父亲旅行了十多年。

一个既浪漫又孝顺的故事。

在设置的这个终点之下，父亲反而突破了死亡的束缚和边界。某种意义上，这其实是人性伟大力量的一种体现，即自由对死亡的征服。

我们在恐惧什么？

死亡真切地成为我们人类文明旅程的底色，它除了赋予意义之外，还滋生了终极恐惧。

一切恐惧的最后落点都是死亡。

我们怕疼,因为疼是危险的前兆,而危险最恐怖的结果是死亡,疼意味着已经受到了伤害,我们看到鲜红色的血液往外流,感受到了生命的流失,这都清晰地指向最后的那个句号。这是恐惧生命的物理的死亡。

我们害怕爱的消失,害怕精神的溃败和倒下,其实就是害怕爱死了、精神死了。这是恐惧情感的精神的死亡。

所有的恐惧最终都是指向某种意义上的死亡。在这种终极恐惧之下,滋生了林林总总的宗教、信仰、寄托,它们之所以能给予人们力量,就在于提供了一条路径来消解这种终极恐惧。

有的教派会说死了没关系,我们进入轮回,比如佛教;有的说我们要看你这辈子的所作所为来决定你去天堂还是地狱,比如基督教。我们中国人还有一个常见的说法,"举头三尺有神明",先人不会离我们而去,他们就在我们头顶上看着我们、保佑我们。每年清明节,我们专门腾出一天来,跟他们聊一聊,给他们烧烧纸钱,用这样的方式把此岸跟彼岸做一个连接。这是中国民间传统的质朴的信仰。

有趣的是,我们甚至开始用物理学解决我们的终极恐惧,比如平行宇宙平行时空,死不过是换一个时空的生。近两三百年,人类大踏步的现代进程中,如果把理性作为诠释万物规律的唯一原则,"拜科学教"也就出现了。科学和理性也能变成某种宗教和信仰。

皮克斯有一部非常感人的动画电影《寻梦环游记》，这部动画片里给出的面对死亡恐惧的解决方案是，赋予生理性死亡之后的另一个节点：生命的离去只是第一次死亡——你的身体从这个世界上消失，但是人还要面临第二次的死亡——被所有人遗忘。当没有任何人记住你的时候，就是社会性的真正的死亡。

我们现在常常说"社死"这个词，但我们用这个词的时候指向的是社交性死亡，是社会交往、社会关系等公共关系的终结。而社会性死亡本质上指的是在人文意义上记忆的消失，当与你有关的所有记忆都消散了，这个世界也就抹去了一切你曾经存在过的印记。

这种设置一定程度上消解了我们对第一次死亡的恐惧，但我们无疑需要更大的勇气来面对第二次的死亡。

被所有人遗忘的这种恐惧是不是更深层次地制约着我们？我们能给出的解决方案是什么？

不同民族有不同的解决方案。比如中国对宗系血亲的重视，百年千年过，族谱依旧在，哪怕被其他人遗忘，但我的姓名、生平、功过，我自己的后代必须记得。这成为"孝顺"这一中华道德的重要伦理土壤，"不孝有三，无后为大""多子多福"的说法，中华民族的人都耳熟能详。对于任何一个中国人而言，祠堂、祖坟极重要，这都是万万不能动的。因为这是"根"，我们的生命之根就扎在这儿。我们以这样的方式,来对抗那个第二次的句号。不止中国,西方也有族谱的观念,很多犹太人的这个观念也非常强。

另一种对抗第二次死亡的方法就是留下作品。**死亡是对时间的臣服,而美是对时间的超越。**贝多芬、莫扎特、莫奈、凡·高这些名字不惧怕死亡,是因为他们此生所创造出的璀璨光芒,足以照亮时间和空间。这也跟海德格尔不谋而合。以最后的句号为感召,以美和创造为桥梁,最后跨越时间,完成对死亡的征服。

时下很多年轻人热衷享乐主义,他们每天都在满足自己各种各样的欲望,活得很快乐,在最后那个句号来临之前,这都非常自洽。但是那个句号来临的时候呢?那一刻有没有遗憾?会不会觉得某一部分有所缺失,会不会害怕不久就会被整个世界彻底地遗忘?当然如果最后这一刻他没有遗憾,这也是一种人生的选择,无可厚非。

而如果想让自己被遗忘得慢一点,能够被这个世界铭记得久一点,离永恒近一点,那么要走的路就很艰难了。就像我们大部分人都在抱怨人生很累,我们有各种各样的牵绊,我们不止为自己的欲望而活,这在某种意义上是值得的。

在新冠疫苗还没有出现之前,一个朋友参加了一场企业家论坛,其中有一位生物科学公司的技术研发负责人极兴奋地说:"我们公司!疫苗量产在望了!"就是那一瞬间,朋友感叹,那位负责人眼里的光芒和火焰如同星河般璀璨。

有时候人要感受一次那种巅峰的快乐，才知道日常欲望满足所提供的快乐是多么的肤浅和易逝。心理学将这种发自心灵深处的战栗、满足、愉悦的情绪体验称之为"巅峰体验"。那种回味良久、余韵不绝，那种强烈的生命的获得感和意义感，是平时那些普通的快乐无法相提并论的。

不是每个人都能研究出疫苗，从而改变几十亿人的命运，有的人说那我是不是一生都感受不到这种巅峰的快乐？其实没有那么夸张，丰满的意义感就能让人体验到深厚而持久的快乐。也许是艰难时为家人点亮的灯，也许是酷寒时给朋友送的炭，也许只是你鼓起勇气去挑战了一次不可能。由此而来的快乐，回荡的时间远远比一次单调的欲望的满足要持久得多。

毕竟，只在这个世界的"食色，性也"当中摇摆，是多么遗憾的一件事。而我们人类几千年来对意义的追寻，归根到底都是在死亡恐惧的驱动下所做的一些微不足道的小事。

死亡：奔赴永恒

我们能否从根本上解决死亡的问题？

生命科学在不断发展，到今天，生命科学已经认为死亡不是一个必然，而是一种病症。如果死亡是一种病症，它就可以被医治好。在这种理性主义的驱动下，我们采取了更切实的方式来抗争死亡，不再是如之前思辨的、哲学的、宗教的方法。既然彼岸那么飘渺，既然转世无法确定，那我们就把此生尽可能地延长。

在死亡这个终极驱动力之下，我们有了器官移植，有了基因技术。在可以预见的将来，我们一定能跨越它。

曾有科学家做过预测，人类解决死亡这个问题的时间是在2074年左右，不出意外我们的下一代就能见证。

所以我从不避讳跟女儿聊死亡的话题。我带着只有四五岁的她看《寻梦环游记》，虽然她不一定都懂，但是她知道表达死亡也可以是这么绚烂的色彩，这么动人的浪漫。我告诉她科学家关于解决死亡问题的预测，也许就是她或者她的同学选择了生命科学这个方向，成为缔造这个伟大时刻的一分子。我告诉她，面对死亡，我们这一代人有很多的思考，宗教的、文明的、信仰的，我们都会跟你们分享，你们可以用最快的速度把我们走过的路走一遍，去到山顶把能看到的风景都看一遍，但你们绝不是只在这些当中流连，你们得往前跑。我希望你们这代人能看到人类有攻克死亡的那一天，看到我们不曾见过的风景。

我也特别感谢这个时代给予我们的，特别积极地看待死亡的机会。我们可能是第一代人，有这个信心和底气说：我们终于有了对抗这种终极消失的力量。

我很期待在我的这一生，能看到人类在生命和时间的意义上抵达永恒的那一天。除了从生物意义上解决死亡问题，还可以通过脑机接口，把数据上载到云端，做到精神永生。甚至还有没有物理性的解决永生的方法？比如对时间本身的调整。

有这么多的可能性，有生物的、基因的、数据的，甚至物理意义上的终极方案的提出，每一条路都需要我们和我们的下一代去勇攀高峰。但只要这座山还在，人类要往哪走的目标就是明晰的。死还在，我们就奔着它去，之前是无法逃避它，今天是勇于挑战攻克它。

而一旦人类攻克了死亡，获得永生，那么下一个篇章就将拉开大幕，我们人类文明将正式进入下一个纪元。

那个时候，我们要为什么而活？这个问题不迷人吗？

我们会去到目前能观测到的宇宙的边缘，突破这个物理边界吗？

星辰和大海，广袤的时间和空间在等着我们去征服，那是宇宙和未知对我们亘古的吸引和召唤。攻克死亡也许就是吹响我们每一个人踏上这个征途的号角。

柏拉图说："爱为什么伟大？""因为它是奔赴永恒。"

死亡却拒斥永恒。所以人类终将跨越它。

死亡陪人类走过童年。但也许人类摆脱它的那一天，才是真正长大的那一天。

㈲㊣

性别

我们反抗的，不是任何一种性别，而是不平等本身。

一趟性别启蒙之旅

2015年1月16日,南方人物周刊2014年度魅力人物颁奖盛典在北京举行。潘绥铭教授作为2014年度获奖人物登台领奖,李银河教授是他的颁奖嘉宾。盛典结束后的晚宴,幸运的我坐在李银河教授旁边用餐。李银河教授大名早已如雷贯耳,但如此近距离的接触依然让年轻的我有些紧张——只好埋头吃饭,想开口又不知道从哪里聊起。可能是为了缓解我的尴尬,李教授突然问我:"对了小陈,你什么性别?"

我愕然抬头,卡了一下,一时间竟不知道该怎么回答,心里的潜台词是:"呃……这么不明显吗?"嘴里还是很诚实:"男性?"李教授笑了,说:"怎么回答了个疑问句?你看,这个问题的答案可没那么简单。"

的确,这个问题的答案可不太简单。

从这个问题开始,我才有机会认真地回顾了一下我的整个性别认知历程。也因此才惊讶地发现,从小学到中学,我所有的朋友里,男生不多。

小学的我,不是典型意义上的男生性格。沉默、安静、喜欢自己看书,爱琢磨一些抽象的、形而上的、稀奇古怪的想法,偶尔说话,也总是流露出羞涩的神情。20世纪九十年代不流行 i 人 e 人*测试，要不然，我"i"得也太典型了。那个年代对这一类人的指称是"内向分子"，对这一类性格特征呢，家长老师是要教育的："要多说话！要合群些！你一个大男子汉你怕啥！""活泼、开朗、外向、人缘好、管理能力强、与同学打成一片"这些词才是写在每年学生手册里学生评价那一栏的"优点"。

可不知道为什么，年幼的我跟男生——尤其是一群男生相处时，总会下意识觉得不自在，也说不上来具体为什么，只是隐隐觉得当男生扎堆时，他们中间总会自然而然升腾起一股莫名的争强好胜的热血气场，而这种气场是排斥我这种性格的男生的，至少是不兼容的。我为数不多的几个好兄弟，性格都跟我类似，当一大堆男生聚在一块儿时，我们可能都是他们眼中的异类分子。

相反，我们这样性格的男生跟女生倒是很容易打成一片。跟一群女生相处，反而没什么压力，轻松自在。现在回头想，初中到高中跟我关系最铁的一帮朋友，女生能占到 80% 以上。而这又会继续拉远我跟那帮"典型性格"男生之间的距离，一句"妇女之友"，就已经完成了嘲讽和区隔。

等高中结束进入大学，我其实已经修炼出了一整套"社交性格面具"。男生多时，快速调出自己的"男生合群面具"；需要上台主持或发言时，快速调出自己的"e 人面具"；只有

---

* i 人 e 人：MBTI（Myers-Briggs Type Indicator）性格理论将个体分为 16 种性格类型，i 人指性格比较内向的人，e 人指性格比较外向的人。

当自己独处或跟最亲密的朋友相处时，才有机会松弛下来，让内心那个敏感、细腻、安静、充满着脑洞的小男孩悄悄探出头来，在一个长长的深呼吸后，怯怯地踏入这个真实的外部世界。

这可能就是我面对李银河教授的提问时卡了一下的根源：我知道在潜意识深处，那个真实的自己，似乎并不是典型意义上的"男性"形象，但也不是大家刻板印象里的"女性"形象，甚至离常说的"中性"形象也有很遥远的距离，我这……我这到底算啥？

李教授显然已经看穿了我在性别知识上的"小白"，接下来给我科普了性别的分类方法、Sex 和 Gender 的差别、社会的文化建构、社会舆论场的现实困境，一连串概念听得我似懂非懂一脸蒙，把我的无知和好奇一下子都激发了出来。

这顿晚餐，应该算是我的性别启蒙时刻。

接下来自然是饥渴的阅读。

阅读是从法国作家西蒙娜·德·波伏瓦《第二性》两卷本开始的。说实话，这一整套厚重的理论，从生物学到心理学到哲学再到女性主义，在我面前丰富地展开，我只能说是一知半解，但有几个最基本的概念认知，算是初步建构起来了。

人不是一个自然物种，而是一种历史观点。

Sex（生理性别）是基因使然，Gender（社会性别）是文化建构。

女人不是天生的，而是被塑造的。

女性失去了主体性，成为历史中的"她者"。

父权制体系是一种客观存在。

大部分父权制文明体制和价值还残存着。有些残存在社会结构里，有些静卧在每个人的潜意识深处。

这些基本概念在当下已经被热议过无数次了，但当我第一次读到时，那种极其复杂的震惊，到现在也忘不掉。这种复杂里，包括我第一次认真对自己生理性别为男性到底意味着什么的反思，包括作为父权制惯性下既得利益者的一份本能的歉疚，包括面对一种巨大的漫长的不公时那种翻腾的愤怒，以及如此长时间身处这种不公里竟毫不自知的惊愕和懊恼。这里面不仅有我自己生理性别为男性的一种置入性遮蔽，也有我的社会性别与传统"典型男性气质"保有一定距离感的旁观之迷茫。

这种冲击是极其巨大而持久的，它本质是一种思维视角的建立，是一套全新的分析范畴被置入了我的思维体系之中——"性别视角"。在这个全新的观察框架、这套全新的分析范畴模型建构起来之后，世界还是那个世界，但同样的事情映入我眼帘后会折射出不同的倒影。

比如我儿时与一群男生相处时，那种说不清道不明的不自在，在读到美国性别研究学者伊芙·科索夫斯基·塞吉维克的《男人之间》与日本著名社会学家上野千鹤子的

《厌女》时，会突然惊呼，这不就是"男性同性社会性欲望（homosocial）"吗！男性喜欢在霸权争斗中，让自己的实力得到其他男人的承认、评价和赞赏。原来这就是男性聚集在一起时，争强好胜的热血根源。

那我们这一类"非主流"的男性性格特质，到底怎么归类呢？美国学者 R. W. 康奈尔《男性气质》一书正好点亮心头困惑。支配型、从属型、共谋型和边缘型四种男性气质类型一字排开，支配型男性气质位于鄙视链顶端，而从属型男性气质位于底端，有时刻被驱逐出男性气质范畴的危险。这也让人心里豁然开朗，"阳刚"的确是传统对男性的基本期待，而"温柔"这样的男性特质，很容易被贴上"娘"这样的刻板印象标签，经过了近十几年的媒介话语场的反复斗争，才依稀找到一些自己的栖身空间。

再比如我的那一整套"性格社交面具"，桑德拉·贝姆的性别脚本理论让人觉得高度共情。她认为，儿童是在社会化的过程中，通过观察和模仿周围人的行为来学习性别角色的。这些与性别角色相关的知识，形成了性别图示和性别脚本。直到成人，性别表现依然持续被社会文化和外部环境塑造着，这其中包含了这些角色应该如何表现的预期和规范，也即所谓的"男孩儿要有男孩儿样，女孩儿要有女孩儿样"。

性别脚本与我们要的平等

漫漫历史上,男性女性到底应该是什么样儿——"性别脚本"到底是怎么写的呢?

这得从两个最基本的问题说起。在整体社会认知中,什么样的男性被认为是有价值的?

力量。这其中有着原始欲望的投射,背后有着智人这个物种生存之焦虑和对稳定蛋白质供应的向往。古希腊雕像中完美的肌肉轮廓清晰地勾勒出了这份"力"的崇拜。

权力。力的升级形式。对"力"的崇拜从自然走向了社会。

财富。资本主义和消费主义下对自我意志实现能力最直白的量化,直直地指向主体性。

脚本就这样写就。

这几条是不是我们判断一个男人成功与否的基本脉络?

以上每个答案,都指向男性世界霸权争斗的胜利。支配型男性气质脚本被社会文化打印好,一页一页地发给了万千家庭,对男性从儿童时代开始的"阳刚教育"绵延开来。

那女性呢?什么样的女性被传统观念认为是"好"的呢?

美丽。同样,有着原始欲望的投射。背后有着智人这个物种的繁衍之焦虑和对自我基因延续之向往。但差异也在这个时候开始发生：力量，投射的是男性的欲望；而美丽，依然投射的是男性的欲望——男性的主体性开始确立，而女性的"客体化"、"她者化"已然开始发生。"凝视"在性别议题中的起点也在此诞生。

温柔、听话。很显然，这是便于"客体化"的重要特质。

贤妻、良母。这一刻，女性不仅被"她者化"，甚至有被"工具化"的倾向。妻、母是非常典型的相对性概念，相对于丈夫、子女而存在——"相夫教子"开始成为某种先天义务。无论是东方还是西方，两性在婚姻和家庭劳动中的不平等地位开始初露峥嵘，父权制的大厦轮廓显现。

《第二性》看起来是一本女性主义的呐喊，但根基扎在存在主义的养分里。存在主义的基本观念认为，存在先于本质。人拥有自由：通过选择、行动和生活方式来定义自己的"本质"。选择，需要在没有绝对指导原则的情况下做出。在这个过程中，自我的主体性得以确立。而"性别脚本"的出现，在两个维度上侵犯了女性的主体性：一个层面是内容，"性别脚本"对女性价值的每一个具体的倡导方向，都引向女性的"客体化"与"她者化"；但从更深一层来看，真正潜藏的本质伤害，是"脚本"的存在本身。只要有脚本存在，一个基于社会文化的绝对指导原则就高悬在女性做出的每一个选择之上，无论其具体内容是什么，这种规训都已经在挤压女性的主体自由。正是这双重挤压，使得传统时代父权制背景下的女性生活在一种巨大的结构性不平等之中。

男性呢？

男性生活在一股巨大的矛盾交织当中。

第一层面，从脚本的具体内容上看，男性显然是获利方。脚本的价值倡导全都指向的是男性主体性的建立。力量、权力、财富，哪个看起来不金光闪耀？这种宏观上的获利毋庸置疑。但往更深一层，从脚本的存在本身来看，它对每一个具体的人的自由的剥夺，也在客观发生。具体到男性个体，在这种霸权式支配式的价值范本中，不愿参与这种竞技与角逐的男性呢？参与了这场竞争，最后落败的失败者们呢？不要忘了，一将功成万骨枯。而即便是这套体系里极少数的成功者，收获了所谓的世俗的成功，他们就收获了真正的幸福吗？财富的累积？有多少人在财富中沦为了欲望的奴隶，最后坠落到意义虚无的深渊里？权力？权力之上还有更大的权力，今天拥有了还有漫长的未来，背后有多少我命由天不由我的无奈？权力的祭坛上，将自由作为祭品，以为可换得更大的自由，殊不知这是一座西西弗斯的山峰，一条永无止境的攀登路。归根到底，当你所追逐的，不是你自己所选的，即便得到，也不会收获由衷的幸福。

这就是脚本的可怕。只要脚本存在，人人都是演员，生活不过是一场巨大的角色扮演。在一个全是NPC（非玩家角色）的世界里，自由意志哪里有立锥之地呢？

可性别脚本就是这么一个奇妙的存在，一旦出现，它高悬在任何一种性别之上。它对其笼罩之下的具体的人的"选择自由"的剥夺是无差别的，而且它会走出属于自己的进化路径，它的具体内容也不再以任何一种性别的意志为转移。女性在其中毫无疑问伤痕累累，而男性以为客体化了女性，结果不过是自己成为社会脚本的棋子。

这就是为什么波伏瓦说父权制对男性的压迫也是极大的。所以女性要的是什么呢？是要重写性别脚本，将女性书写到主体性的位置，将男性"他者化"吗？这是女性主义者们真正想要的吗？显然不是。这不过是对已存在了数千年的性别叙事霸凌的一次内容反转，可霸凌依然存在，只是反过来将女性置入这种巨大的结构性矛盾当中，而两种性别仍然臣服于这套叙事和规训的体系，没有任何改变。所以波伏瓦才大声说：

"女人只是想要不偏不倚。"

"需要摧毁的，是将女性构成'她者'的具体。"

"女人，需要成其所是。"

掷地有声。

让女人遭受苦难的，是男女的不平等。我们的敌人，就是那不平等的具体。我们的目标，是女性把主体性重新确立，把女性价值的定义权紧紧握在自己手里。我们要重建平等。

那我们所要争取的平等，到底包括哪些"具体"呢？

一、显规则的平等。

19世纪末，新西兰、澳大利亚的妇女先赢得了选举权。紧接着欧洲、美国，再到全世界，女性平等接受教育、平等参加工作、平等进入政治，在法理意义上女性权利的普及星火燎原。值得一提的是，新中国成立初期，在性别平等方面的努力和成就获得全世界范围内普遍的认可和推崇。那句响彻全国的"妇女能顶半边天"，到今天依然振聋发聩，妇女的受教育机会、工作机会、参政机会获得了一个质的飞跃。要知道 1949 年以前，我国的妇女 90% 为文盲。新中国成立后数年，我国妇女的识字率就飞速上升。1950 年 5 月 1 日，新中国成立后制定的第一部法律《中华人民共和国婚姻法》颁布实施，几千年来压迫妇女的封建婚姻制度在法律上被彻底废除。紧接着，新中国的第一批女伞兵、第一批女飞行员翱翔蓝天，第一代女拖拉机手梁军登上第三套人民币一元券，新中国在女性平等、解放和进步上的成就让世界为之侧目。直到今天，至少在法律、规章制度等显规则的层面上，"男女平等"作为中国的一项基本国策，其地位毋庸置疑，而这一基本态度在世界大多数国家和地区也获得了广泛共识。

二、隐规则的平等。

这世界的规则，从来都不是只有写在纸面上的显规则一种，它如同冰山，除了显露在水面以上视线可及的部分，水面以下隐藏的部分更应给予充分关注。福柯提出的"支配权力"这一概念直指这种水面以下的冰块，它指的是男性在很多领域由常年的历史支配地位所沉淀出的环境优势，也直接导致了很多具体生活细节中性别的非对称性。

加拿大著名哲学教授威尔·金里卡在《当代政治哲学》中举了一个消防设施的例子。绝大部分消防工具与消防设施的设计、建造是以男性适配的高度、力量为前提的。一旦发生火灾而消防设施边又只有女性的话,这种使用上的差异会不会导致安全风险上的差异?多多发现这些细节并呼吁对其进行改善,才能帮助更多女性友好的消防设施(例如近几年开始更常见的小号灭火器)进入一线。很多建筑细节、设计细节里也有这样"隐性别化"的情况。比如公共空间男女厕所比例。我国住建部曾统计了72.6万人的如厕时间,对此进行了充分的研究分析,并在2016年颁布的《城市公共厕所设计标准》中要求,女性厕位与男性厕位的比例应为3:2,人流量较大的地区应为2:1。但在真实生活中,大部分城市的公厕还是按照同等面积、同等蹲位来设置男女厕位比例,男厕中往往还增加了小便池,这样一来,看起来的"平等"会导致实际上的失衡。尤其是在旅游景点,高峰期女士不得已"占领男厕"的现象依然屡有发生。再比如汽车驾驶座视线位置、方向盘高度与前挡风玻璃下边沿之间的位置关系,曾经也主要是按男性平均坐高来进行设计;汽车碰撞试验中的假人,曾经也全是男性的身形。还有医疗领域,传统药物测试和医疗研究中容易忽视女性的身体性差异。这些隐规则的部分,英国作家卡罗琳·克里亚多·佩雷斯的《看不见的女性》一书有充分论述。这些具体细节的改变,需要舆论的大声疾呼,换来更多制度上的不断革新和观念上的点滴改变。

三、社会意识的全面进化。

整体社会意识的改变是一个极漫长的过程,要实现我们每个人内心最深处"男"与"女"的完全平等，真的是一件很难的事。就我个人而言，它需要我不停地自我批判和自我反思，需要颠覆和超越曾经固有的思维视角和思维范式，也需要对不断生长的性别知识和性别观念求知若渴。拓展到整个社会，更是道阻且长。但应行之路，行而不辍，期待云散花开。

也许真的有那么一天，这些"不平等的具体"从权利到环境到意识层面都一一消散，我们终于可以温暖地看见，两种性别站到了天平的两端，以平视的姿态，望着彼此微笑了。

婚姻、家庭、与爱

"没那么简单！"一帮深入思考过女性主义的朋友们大声疾呼着。

"纸面上的权利平等了，环境里的细节平等了，脑袋里的意识平等了，你以为这就平等了吗？这天平看起来很美好，但这都是在大众可见的公共领域！一旦男性跟女性走下这架天平，走到一起，双方牵着手走入私领域——婚姻和家庭，又有一个巨大的剥削和压迫会开始发生，这难道不需要关注和重视的吗？"

婚姻，家庭，与爱。

要击碎那些"不平等的具体",要让女性的主体性最终完整确立,这片领域无法回避。

上野千鹤子在《父权制与资本主义》中笔触如刀,她认为家庭本质上是一个劳动力再生产的场所,女性在其中被赋予了更多先天义务,如家务、生育和抚养孩子等再生产劳动,而这些劳动极易被忽视和低估。进入社会后,女性不仅在家庭中付出了更多,这种付出还会使得其在市场就业过程中容易遭受歧视和不平等。因此,她认为父权制不仅仅是家庭内部的权威结构,还与资本主义的生产方式相结合,形成了对女性的双重压迫。上野站在马克思主义女权主义的理论基础上,对社会现实尤其是东亚的社会现状,进行了深刻批判。

问题存在,就应当直面。建立起一套全新的家庭伦理范式,势在必行,甚至迫在眉睫。

首先,是家务劳动义务的重新分配。过去数千年,女性应该承担更多家务的观点应当成为历史了。现代性社会,家务劳动是所有成年家庭成员的平等义务,与性别没有任何关系。这应当被视为一个基本原则来确立,才符合我国"男女平等"的基本国策,也才能真正保护年轻一代走入家庭结构的信心。具体到每个家庭,应当由家庭成员共同决定家务的分配。你做饭厉害,我就负责洗碗;衣服你都洗了晾了,那扫地拖地我就包了。虽然在实操层面上,还是会出现在某些时间段某些家庭成员会承担更多家务的分工差别,但第一,这种差别不应跟性别有关,可以是男方、也可以是女方承担更多。第二，承担更少的一方应当有明确的补偿机制，或在忙完某阵子后承担更多，达到动态平衡；或在其他方面（财务支持、情绪价值支持等）承担更多，达到整体平衡。可喜的是，《中华人民共和国民法典》全面认可家务劳动的价值，明确规定离婚时，一方在婚姻期间因抚育子女、照料老人、协助另一方工作等负担较多家务劳动的，有权请求补偿。补偿金额应综合考量婚姻时间长短、当地的经济生活水平所对应的家务劳动的市场价值、另一方的经济能力等多种要素。还有学者提出，家务劳动补偿应考虑期待利益，即因承担家务劳动而失去的职业发展机会等。俗话说："清官难断家务事"，但现在，"法律要断家务事"，不仅要断，还要断得公平，断得进步，私领域的事情不是只属于私领域，更应该在阳光和法制的背景下摊开来说清楚。在可预见的未来，法律和制度层面对家务劳动义务的去性别化和平等化只会越来越细致。

  其次，是在生育和哺育这个特殊的领域。由于生理结构和基因差别，人的再生产——生育这件事，在技术手段还没有突破性创新的前提下，依然只有女性才能完成。也有观点因此认为，这一生理差异正是一系列男女不平等的真正根源。在这个问题上，没有别的办法，必须男性和整个社会，做得更多。在生育和哺育上，女性的付出是巨大的，尤其是在生产过程中所承担的疼痛、风险，以及产后对身体的诸多损伤和改变，还有在喂养过程中投入的时间和精力。那在养育和教育上，男性能不能挺身而出，主动承担更多，以达到某种意义上的动态平衡？带孩子做作业这事儿，咱当爸爸的能不能包了？孩子如果生病了，咱能不能独自搞定？孩子开家长会时，爸爸能不能占到三分之二以上的比例？周末带孩子出去玩这事儿，咱能不能就一力承担了，让妈妈也能窝在沙发上，刷半天手机？尤其是在做这些的时候，别老觉得孩子妈妈像欠了自己似的，能不能意识到这是应该的、必须的，这也是基本的责任，这才是平等的付出？

社会也是一样，能不能在生育支持体系上，例如公益性社区托儿所、妈妈友好车厢、父母亲子卫生间等，做到更多？职场能否在母婴室等硬件层面和生育假、哺育假、公司企业文化和活动设置等制度层面对女性更友好？媒体能否在对待男性带娃、全职奶爸等新兴身份的态度上更加包容友善甚至大力倡导？平等从不是一刀切式的完全一致，平等恰恰是在尊重差异的前提下，承担对等的义务，进行对称的付出。

同时，在女性生育问题上，对女性的主体性予以充分保护，打破性别脚本，打碎社会时钟，对不愿生育的女性的自由意志予以充分尊重，对喜欢孩子、愿意生育的女性从家庭到社会给予更多的温暖和支持，让母亲更有尊严，让父亲更多承担。

如果还停留在传统那一套女性应该承担更多家庭责任的封建叙事里，同时又不停追问现代女性为什么越来越不愿意结婚，这不是揣着明白装糊涂么？白天要辛苦上班，晚上要忙碌带娃，既要赚钱养家，又要勤俭持家，一个人自由自在的生活它不香吗？尊重女性的自由意志、支持女性的自由选择、剥离工具性，粉碎她者性，把女性真正当作主体去对待、去欣赏、去尊重，然后携手走过人生路——只有等这样真正平等的新伦理诞生、新叙事普及、新观念落地，家庭才具备给每一个自由个体带来幸福的前提，"家"这个名词才能真正帮我们驱散孤独、建构支持、重塑信任，成为我们自由和幸福的坚实堡垒。

如果婚姻与家庭中的平等新伦理也建构起来了，那所有的领域里，就还剩最后一块，最私人、最心灵、最隐私的领域还没有涉足了，而这里，才是主体性建构最难、甚至有人认为主体性在这里会自然消散的领域——爱。

理想的爱情真的很难。

首先，要穿过欲望的瀚海。身体与欲望的迷狂，本质依然是将对方工具化、客体化的外在表现。"爱"你最根本的原因，是你的身体，能满足我的欲望，这离"爱"还太遥远，归根到底是冲动、是本能，也是这一类"爱"表浅、浮动、易逝的根源。

其次，要穿过共生关系的藤蔓。我需要的，你能给予；你需要的，我恰好也有，这样的拼图式嵌合的爱情超级常见。你需要温柔，我温柔如水；我需要引领，你雷厉风行，彼此的需求一拍即合，如果外形还恰好彼此顺眼，天雷勾地火，这样的爱情已经很让人羡慕了。但如果细细往下再深入一步：我需要的，你能够满足和提供，如果这是爱的理由的话，爱的是你——这个主体吗？还是你——对我所起的作用？如果爱的是某种效用，这难道不依然是工具化和客体化的一种表现形态吗？只不过欲望满足是表层的身体的工具化，而情绪满足是深层的精神的工具化而已。以上两种，一个浅，一个深，归根到底，爱的都是"自己"。对方作为爱的对象，已被降格为某种"效用"，TA 的主体性，又去了哪里呢？

这就是大量女性主义者对爱情失望甚至绝望的原因。女性主义者的最终目标，是要重建女性的主体性，收获真正的尊重与自由，而这世间常见的爱啊，让人成为工具，让人主体性消散，这样的爱，还要它干什么？

要破局，就得真真切切地穿过这两层常见的关于"爱"的遮蔽。

然后，终于，我们要抵达真正爱的世界，抵达主体跟主体携手前行和创造的美丽新世界了。

有一种理想的爱情，是双主体的爱情。

仿佛这宇宙里常见的双星系统。爱情，不是行星被恒星捕获，更不是卫星保卫着行星，而是一颗太阳，遇见了另一颗。

你发着光，TA 也是。彼此相遇，彼此环绕，彼此都为对方改变了自己的星轨，但没有谁围着谁转，更没有谁被谁吞噬。双方都轻盈、灵动，可以有自己的行星系统，有自己独立的世界体系，保持着距离又彼此影响着，漫步在这巨大的宇宙里，感受、分享、交流、启发，去向更远的地方，遍览更美的风景。这种爱，常见于两个更倾向于自由的灵魂彼此相遇，双方都有着非常丰富完满的自我精神空间，同时因为吸引、而不是因为需要，彼此牵起了手，跳着旋转的华尔兹舞步，滑向生命更宏伟的舞池里。

还有一种理想的爱情，是大主体的爱情。

不是一块拼图遇见了另一块拼图，而是一个自足的圆，遇见了另一个圆。两个圆倏然合并，变成了一个半径加倍的同心圆，自足地向前滚动。这种爱，常见于两个更向往归属感、更厌恶孤独的灵魂，两个灵魂都已经发育成为成熟完满的主体，但孤独地走完未来人生路，不是 TA 们的偏好和选择，在彼此的吸引和感召下，两个主体合二为一，将两个"我"融合成了"我们"——但要注意，这是基于成熟自由意志的自由选择，而不是基于一份自私的自爱或是无奈的被迫，这是自我"变大"了而不是自我"消失"了，两个生命由此在精神上血脉相连，一个全新的大主体问世了。刘擎教授说："爱是最小单位的共产主义"，描绘的正是这份大主体降临时的浪漫与稀有。这一刻起，生命有了某种永恒的支持和陪伴，孤独的黑暗彻底消散，涅槃重生的大主体欢快地奔向更遥远的自由。

这样的爱，太少见，太难了。它需要大成熟，它需要大自足，它需要大勇敢。大多数时候，我们在人海里浮沉，换来一身伤痕，我们在情爱的挑逗、命运的左右里兜兜转转，最终心里空空荡荡还嗡嗡作响，默默听着自己的信仰，在心里放冷枪。

可难，不意味着不存在。也许时过境迁，也许沧海桑田，最终我们以一个主体的身份，与另一个主体相逢，电光石火间星汉灿烂，这并不是梦幻泡影。我真诚地祝福我所有的读者，完满好自己的精神空间，打造好自己的主体花园，然后或周游四海，或静待花开，最后金风玉露，胜却人间无数。

直到这里，我们才能谨慎地说，从公共领域，到私人领域，到情感与爱，我们的目标：一个真正男女平等的社会规则、家庭伦理和认知观念所组成的巨大的系统结构，缓缓成形了。当然，这离真正彻底的平等，还有很远的距离，原因在于性别视角从来不是一个孤悬的独立视角，它无时无刻不在与其他视角碰撞和交叉：女性主义与经济视角的交叉，与大众传播的交叉，与技术（算法）的交叉，与艺术（文学、影视）的交叉，林林总总极富生长性。而在每一种交叉与生长中，都有全新的关于平等与否的衡量范式，都有令人激动的革新与新观念的生产空间。追求平等之路，是一条永不停歇的探索、发现和建构之路，是一趟没有终点，但你总能在沿途景观里邂逅对生活细节的聚焦、对现实困惑的关切和与生命经验相呼应的奇妙旅程。

有人问我，陈铭，你是一个女性主义者吗？

我的答案是："我是一个女性主义学习者。"如果可以，我愿做一个女性主义终身学习者。

在我心中，真正的女性主义，从来都不是只属于女性的，它也一定是属于男性的，甚至不止男性和女性，它是属于每一种性别、每一个个体的。它是对古老的性别叙事的一次无差别批判，是对个人价值和生命意义一次全新的再造，是一次永恒的自我审视和自我反思，它是属于每一个人的自由、解放和超越。

担忧和警惕

当下的现实舆论场中，以下几种情况的出现，让人心中不时布上阴霾。

第一，是新脚本的压迫。

越来越多的人意识到了传统性别脚本对自由的干涉，但该如何去抗争？舆论场中有这样一种趋势：但凡跟传统脚本一致的气质类型，天然成为被攻击的对象。举个例子，对女性而言，温柔、内秀、善解人意似乎都被笼罩进了"茶"这一形容词名下，成为某种气质原罪，直率、飒爽、不要考虑太多有啥说啥，成了媒介话语场女性气质新的政治正确。这乍一听真的有某种"合理性"："温柔这类女性气质束缚了我们几千年了，难道还不应该除之而后快吗？"更有甚者会对这类气质进行有罪推定："看她柔柔弱弱的样子，还不是想在男性那里获得额外的好处？这不是茶里茶气是什么？"于是，这种带着强大"否定性"力量的新脚本蔓延开来。

不得不承认，几千年的文化惯习之下，某些女性通过示弱、仰视、无脑赞美等方式迎合某些男性的自恋性气质，以获得某种额外的性别红利的情况的确存在，并且在这个时代被冠以"绿茶"之名，饱受批判。但我们不禁要更细致一点地审视，所有温柔的女性，都在这个范畴吗？到底是"温柔"本身是"茶"，还是以温柔、柔弱为工具，去交换额外的性别红利才是"茶"？如果不分青红皂白地一竿子打翻一船人，会不会使很多i人女性、天生就不太具有力量感的安静女性天然处在一种尴尬的夹缝中？不要忘了，我们反对社会性别脚本的根源，就是为了重建女性的主体性，找回女性可以自由选择自己性别气质的权利，可现在，温柔的权利，还在吗？这就是某种矫枉过正的"否定性新脚本"的隐形压迫。温柔的权利，我们坚决捍卫；以温柔之名去换取性别红利，我们坚决反对，这会不会是更细腻的态度？男性气质也是如此。对具体行为具体辨析，而不是把任何一种气质类型一棒子打死，才是我们的初衷——归根到底，我们要的是每个个体，可以自由选择自己的气质类型，只要你不倾轧别人的自由和主体性，我们都为你鼓掌。这需要批判和保护并行，需要细腻而理性的分辨，需要真正多元主义的坚持，千万不要迷失在个人的好恶里，时刻提醒自己：我们反对的不是任何一种气质类型，而是性别脚本本身。

第二，是"身份政治"介入后的"敌人"失焦。

单个的"我"是脆弱的，"我"汇聚成"我们"后，瞬间驱散孤独带来温暖，有了"我"也变得强大了的错觉。这就是身份政治源起的心理动因："我们"需要一个充分而清晰的理由，凝聚起来。这个理由要像一道篱笆墙，能快速区别一个人属不属于"我们"：圈进来，还是圈出去，得明确。叙事，就是这道篱笆墙的编织者。过去一百多年，从一、二次世界大战的民族主义叙事、阶级叙事，到种族（肤色）叙事，到性别叙事，背后的一条进化主线，就是这道"篱笆墙"的特性变迁——辨别越来越快速，加入越来越便捷。到了肤色和性别时代，真的是极简分组、一秒入群了——最好的篱笆，就是一眼能分出是不是"我们"。分边，然后对峙、极化观点，宣泄情绪，巧了，跟互联网时代的运行逻辑无缝对接完美吻合。当然，"媒介即信息"，技术环境和叙事模式也一直是彼此成就着，但这种喧嚣掩盖不了"身份政治"这一运行机制里一个内嵌的先天不足：容易模糊焦点。我们的敌人，到底是谁？是不平等的现象本身？还是另一种肤色？另一个性别？炮火究竟应该对事？还是对人？迅速抱团和强烈情绪，极容易让我们在分边对峙的愤怒里沦陷，下意识地将与我们不同的所有主体都想象成敌人。于是舆论场成了战场，火力全开炮火纷飞，结果，社会被撕裂而不是被弥合，环境被破坏而不是被建设，而身在其中的每一个人，杀红了眼，却没有人记得我们为什么出发。

时刻提醒自己,多少遍都不算多:

我们反抗的,不是任何一种性别,而是不平等本身。

第三,要小心消费主义对女性主义的收编和驯化,更要小心平台和营销号利用性别对立与仇恨作为流量和资本。

消费主义已经快要成为这个时代的价值基座了,它无差别地影响着每一个人。而当女性的购买力日渐强大,类似"爱你自己"、"取悦自己"的口号应运而生。我们在无数"种草"推文的海洋里浮沉,我们被短视频和直播带货的无尽叫卖声淹没。打开手机,全是"物"的诱惑,这诱惑踏着每十五秒一次多巴胺的分泌节奏而来,踩着每季新款的脚步而来,顶着全球限量的头衔而来,笼罩着私人定制的幻梦而来,卸下我们所有心防,而我们只管无尽的沉迷与放纵。至于什么主体性?买我所爱,不也是在建构我的主体性?至于心智占领、欲望植入、群体性从众对我们主体性的悄然移除——管不了那么多了!看看今天直播间有没有更便宜!女性主义追求的自我赋权被消费主义浸透,时代节奏被资本的极速轮转节奏同构,个体主体性被商业的工具理性湮灭,人成为经济要素,匍匐成了某些"被生产的欲望"的奴隶,主体性以"获得"的形式失去了。

以上只是对个体而言。而在群体中呢?"流量"挺身而出,说:"我在!"注意力也能创造经济价值,转发和评论也是被隐藏的数字劳动,而在流量大潮的推动力中,没有任何力量能与"愤怒"媲美。没错。负面情绪是天然的流量动因,而与恐惧、焦虑这些常见的议题切口相比，愤怒，具有继续引发愤怒的链式效力，无休止的连环爆炸，实在是"流量拜物教"们的最爱。性别议题？营销号们已经笑开了花。再加上身份政治自带的易燃易爆炸的愤怒基因，剩下的事情太简单了，对号入座，立好靶子，只需要开第一枪，剩下的自会一浪接一浪汹涌而来。为什么过去几年时间里，无数社会热点新闻事件，各种其他信息点总容易被忽视，最后总是新闻当事人的性别被抽离被聚焦，最后满地狼藉？答案正在此处——对流量最有利的点，总会被流量留到最后。只要流量需要，仇恨可以被编织，对立可以被煽动，愤怒可以被创造。

而这浪潮对冲到最后，激进的甚至极端的态度和言论就自然而然地演化出来了。这些极端的、被愤怒浸满的言论，并不是真正的女性主义。但他们看起来又很像"某种类型"的女性主义，这种似是而非的误读最害人。一方面，它们将水搅浑，使真正值得被聚焦和讨论的不公现实销声匿迹，将本就需要激浊扬清的社会舆论逼上极端对立与暴力的无解地带；另一方面，它们将真正的、理性的、建设性的女性主义观念污名化，极大地提高了社会公众进入性别议题的理解成本，极大地削弱了广泛的中立者（尤其是男性中立者）对女性主义的进入意愿。

这种伤害之大、之深，可能需要极漫长的时光，对理性、对公平，对那些本就艰难建构的正向价值，来一点一滴地修复和重构了。

一个彩蛋

如果有朝一日,"性别脚本"真的彻底消失了,男人不再以力量、权力和财富来判断高下,女人也不再以美貌、温柔、贤妻良母来作为人格范本,没有谁是客体,也没有谁再主宰谁的那一天,我们又该如何衡量什么是值得追求的生命形态和价值呢?

令人开心的是,在年轻人的世界观里,已经有答案在向我们招手了。衡量生命意义的新价值体系,已初现端倪。

我跟大学生朋友们聊天:"你们衡量人生精彩与否的标准是什么?"

他们的答案,关键词是"热爱"。

热爱的烈度。

活在热爱里的浓度。

还有一个人真诚的程度。真诚对待自我,真诚对待世界。

当然,如果你的热爱还能给世界带来助益,给他人带来欢乐,那就是叠了 buff 的人生了,快乐加倍。

说实话,虽然我已不再年轻,但这个答案依旧听得我向往不已。

一个多么存在主义者的答案呀!生命的本质没有命定的意义,那就自己来选择、自己来创造、自己来书写意义!把笔交给一颗真诚的心,而答案就是心底那最赤诚的爱!成或败,优秀或平庸,结果还重要吗?一不留神,走出"优绩主义"的大门倏然出现。

我脑海中还有最后一个担忧,我问他们:"可如果身边有个朋友,就是找不到自己的热爱,或者觉得生命中没什么值得去热爱去燃烧的,就想躺平过一生,你们心底会瞧不起或鄙夷 TA 吗?"

我担心,对"热爱"的价值倡导会不会形成新的压力,"人不得不找到自己热爱"的叙事会形成一种新的压迫吗?

同学们大笑:"老师! TA 热爱躺平,那就躺平过一生啊!不也很美好吗!"

他们教会了我什么叫做属于青春的自由自在。

齐泽克、韩炳哲都在不停地提醒着年轻人,小心坠入自恋的漩涡,小心大踏步走入那个"自恋时代"。

解药也在这里悄然现身:一定要链接这个世界。世界里如果只有自我,与对自我的爱,主体性是确立了,可这世界只剩下那么一个偌大的主体,自我实现容易变成自我压迫、自我消耗甚至自我毁灭。要去爱,去热爱。热爱是桥,一头连接着坚实的自我,另一头要连接到真实的外部,世界一下子辽阔,自恋症才会自然消散。

还是要相信。

还是要去爱。

也是没想到,跟大家天南地北聊了二十章,最后依然在——

宇宙中心呼唤爱。（无奈地笑）

本来这本书是结束在第十九章《死亡》的位置，但我还是喜欢这一次的有聊，停在"爱"这个落点上。

为什么？

因为很多年前，有位网友在微博上问我，

"陈老师，爱与死能一样强大吗？"

我回答说，

"爱一定比死更强大。

因为死只能摧毁肉体，爱却能拯救灵魂"。

这次，就先聊到这里啦！

我们下次见！

© 中南博集天卷文化传媒有限公司。本书版权受法律保护。未经权利人许可，任何人不得以任何方式使用本书包括正文、插图、封面、版式等任何部分内容，违者将受到法律制裁。

图书在版编目（CIP）数据

有聊 / 陈铭著 . —长沙：湖南教育出版社，2024.8
ISBN 978-7-5754-0078-7

Ⅰ.①有… Ⅱ.①陈… Ⅲ.①人生哲学–通俗读物 Ⅳ.① B821-49

中国国家版本馆 CIP 数据核字（2024）第 026478 号

YOULIAO
有聊

出 品 人	刘新民
策划编辑	姚晶晶
责任编辑	姚晶晶　陈慧娜　张件元　陈逸昕
封面设计	付诗意
出版发行	湖南教育出版社（长沙市韶山北路443号）
网　　址	http://www.hneph.com
电子邮箱	hnjycbs@sina.com
客　　服	0731-85486979
经　　销	新华书店
印　　刷	三河市鑫金马印装有限公司
开　　本	875mm×1230mm 1/32
印　　张	10.25
字　　数	196 000
版　　次	2024年8月第1版
印　　次	2024年8月第1次印刷
书　　号	ISBN 978-7-5754-0078-7
定　　价	59.80元

若有质量问题，请致电质量监督电话：010-59096394
团购电话：010-59320018